中国电子教育学会高教分会推荐

普通高等教育电子信息类系列教材

电工学实践与仿真教程

（第二版）

主　编　黄　瑞

副主编　丁守成　刘　婕　余　萍

参　编　杨世洲　肖利梅　杜先君　曹　正　闫　珂

主　审　王文琰　王贵峰

西安电子科技大学出版社

内 容 简 介

本书从人才培养的要求出发，结合多年教学改革与实践的经验和成果编写而成，是一本集基础性、应用性、综合性、设计性、开放性和创新性于一体的实践教材。全书共 6 章，主要内容包括实验要求和用电安全概述、电工技术实验、PLC 控制实验、电子技术实验、PSoC 开放实验、Multisim 14 软件的设计与仿真。

本书可作为普通高等学校理工科非电类专业的电工学实验及相关电工电子仿真训练等课程的实践教材，也可作为高等职业技术学校相关工科专业的实践教学用书，还可供相关工程技术人员学习和参考。

图书在版编目(CIP)数据

电工学实践与仿真教程 / 黄瑞主编. —2 版. —西安：
西安电子科技大学出版社，2022.3(2022.9 重印)
ISBN 978−7−5606−6405−7

Ⅰ. ①电⋯　Ⅱ. ①黄⋯　Ⅲ. ①电工技术—高等学校—教材　Ⅳ. ①TM

中国版本图书馆 CIP 数据核字(2022)第 039810 号

策　　划　刘统军
责任编辑　买永莲
出版发行　西安电子科技大学出版社(西安市太白南路 2 号)
电　　话　(029)88202421　88201467　　　邮　　编　710071
网　　址　www.xduph.com　　　　　　电子邮箱　xdupfxb001@163.com
经　　销　新华书店
印刷单位　陕西日报社
版　　次　2022 年 3 月第 2 版　　2022 年 9 月第 2 次印刷
开　　本　787 毫米×1092 毫米　1/16　印　张　14.25
字　　数　333 千字
印　　数　2001～4000 册
定　　价　38.00 元

ISBN 978-7-5606-6405-7 / TM

XDUP 6707002−2
如有印装问题可调换

前　言

　　本书在第一版的基础上修订而成。编者在分析当前教学改革和社会需要的基础上，为贯彻和适应高质量发展、创新教育和课程思政的精神，根据普通高等院校电工学基础课程教学大纲的基本要求，以加强基础、重视工程应用为目标，更新了第一版的内容体系，加大了虚拟仿真实验教学内容。

　　本书是高等院校理工科电工类的实践性教材，可培养学生掌握理论指导下的实验方法、掌握常用电工仪表的正确使用方法，锻炼学生的实际操作能力和创新能力，培养学生安全用电的意识，从而实现提高学生的基础实践能力和综合素质的教育目标。本书是搭建集基础性、综合性、设计性及仿真性实验于一体的电工学实践教学大平台的一部分。

　　本书为兰州理工大学"电气与控制工程国家级实验教学示范中心"建设项目，是实验中心实践课建设规划教材，得到兰州理工大学电气工程与信息工程学院、实验室建设与管理处、教务处和高教研究所的大力资助。本书汲取了兰州理工大学电工电子实验教学中心老师的实践教学经验，并在大家的支持与指导下完成。

　　本书由黄瑞担任主编，负责全书的统稿和校阅，丁守成、刘婕、余萍担任副主编。其中，第 1、3 章由黄瑞编写；第 2 章由黄瑞、丁守成和曹正编写；第 4、5 章由刘婕、杨世洲、黄瑞和肖利梅编写；第 6 章由余萍、杜先君、黄瑞和闫珂编写。本书由兰州理工大学电气工程与信息工程学院的王文琰、王贵峰担任主审。其中，各章实验内容得到了各位实验老师的精心测试，在此表示感谢。

　　本书根据新实验设备的更新对第 1 章"常用电工电子仪器仪表的使用"内容进行了删除，修订为"实验要求和用电安全概述"；根据《电工学基础》新实验大纲要求，优化了第 2、3、4、5 章的基础实验项目，修订了部分内容；根据"虚实融合"教学模式改革，对第 6 章增加了仿真实验项目，丰富了虚拟仿真实验的内容和方法。

　　感谢兰州理工大学电气工程与信息工程学院领导的支持，感谢兰州理工大学电信学院电工电子教学部老师们的大力支持，感谢袁桂慈老师的建议和帮助。

　　本书在编写过程中参考了大量的国内外著作和资料，在此向相关作者表示衷心的感谢！

　　由于我们水平有限，书中疏漏和不足之处在所难免，敬请广大读者批评指正。

编　者

2021 年 10 月于兰州理工大学

前　言

目　　录

第1章　实验要求和用电安全概述

　　电工学实验是电工学教学中至关重要的实践环节，要求学生自主完成设计、接线、测量、分析、总结等步骤的学习，达成专业认证要求的能力。本课程培养学生热爱科学的态度，树立国家自信、制度自信、文化自信；在专业目标方面，则要求掌握应用电路的基本理论和基本方法，并具备对复杂工程中涉及电路的关键问题进行分析与表达的能力；在设计基本电路模型中，初步具备用电工电子技术分析和解决工程问题的能力，以及使用现代工程工具和信息技术工具，对复杂工程问题进行分析与设计的基本能力，从而为后续课程的学习和工程实践奠定坚实的基础。

　　本课程的任务是通过实验，使学生理解、巩固"电工学"和"电路分析"课程的基本理论、基本知识和基本技能；掌握安全用电知识，养成良好的安全用电习惯；培养学生分析处理实际问题的能力和创新意识；提高动手操作能力，进而提高学生的综合素质。通过本课程的学习，可以提升理论联系实际的能力，掌握电工电子技术的基础性、综合性和设计性的实验方法，熟悉常用电子仪器仪表的使用方法，了解开放性和创新性仿真实验的一般方法。

1. 实验课程培养目标

　　(1) 学会使用电工电子实验台，掌握电压表、电流表和功率表等常用仪表，学会使用示波器、电压源、信号源等仪器设备。

　　(2) 能正确按电路图连接实验线路，能初步分析并排除故障，培养良好的实验习惯和实事求是的科学作风。

　　(3) 认真观察实验现象，正确读取实验数据并进行数据处理，正确书写实验报告和分析实验结果，总结实验体会。

　　(4) 正确运用实验手段验证一些定理和结论，然后做一些综合性实验，最终达到设计为主的目标，为理论联系实际打下基础，为后续课程的学习奠定基础。

2. 实验课程学习的要求

1) 课程预习(课前)

　　在每次课前必须认真预习实验，复习相关理论知识；否则，将事倍功半，而且有损坏仪器和发生人身事故的危险。凡没有达到预习要求的学生，均不得参加本次实验。

　　(1) 明确实验内容，掌握与实验有关的基本理论，了解实验仪器和设备的使用方法，了解实验的操作程序以及注意事项等。

　　(2) 简要写出实验预习报告，内容包括实验目的、实验电路、数据记录表、预习思考题的解答等。

　　(3) 记住操作时需特别注意的问题和预习中尚欠理解、需在实验中弄清的问题。

2) 课程进行

良好的上课习惯、工作方法和正确的操作程序是实验顺利进行的有效保证。为此，可参照下列流程进行实验。

(1) 上实验课时不得无故迟到。以一人或两人为一个小组，分组对号入座。为了便于管理，要求小组成员及其实验台号在整个实验中保持不变；为便于检查和临时计算实验数据，实验时应自带计算器。同组合作者要团结协作、共同探讨，认真仔细地进行实验。

(2) 接线前，应先按设备清单清点设备，并了解各仪器设备和元器件的额定值、类型、使用方法和电源设备情况。

(3) 实验中所用的仪器、仪表、实验板以及开关等，应根据"连线清晰、调节顺手和读数观察方便"的原则合理布局。

(4) 接线应遵循"先串联后并联""先接主电路后接辅助电路"的原则(检查电路时，也应按这样的顺序进行)，先接无源部分再接有源部分。不得带电接线，因而接线前，应先将所有电源开关断开；为避免过电流、过电压损坏设备和元件，接线前应将可调设备的旋钮、手柄置于最安全的位置。

(5) 接线时电路的走线位置要合理，导线的粗细、长短要合适，接线柱要接触良好并避免连接三根以上的导线(可将其中的导线分散到等电位的其他接线柱上)。接好线路后，应先自行检查，再经教师复查，然后才能接通电源。闭合电源开关时，要告知同组同学，并要注意各仪表的偏转是否正常。改接线路时，必须先断开电源。

(6) 实验中要胆大心细，一丝不苟，认真观察现象，同时分析实验现象的合理性。若发现异常现象，应及时查找原因。如果需要绘制曲线，则至少要读取 10 组数据，而且在曲线的弯曲部分应多读取几组数据，这样得出的曲线就比较平滑、准确。

(7) 实验完毕，先切断电源，再根据实验要求核对实验数据，然后请指导教师审核或签字，通过后再拆线，整理好导线并将仪器设备摆放整齐，做好值日工作。

(8) 要爱护公物，注意人身、仪器设备及财产安全。

3) 实验数据整理(课后)

数据整理工作主要是实验报告的编写(续预习报告)，其内容应包括：

(1) 数据处理：实验数据及计算结果的整理、分析，并找出误差原因。

(2) 曲线绘制：选择适当大小的坐标纸，分度要求应使图纸上任一点的坐标容易读数，且使所得曲线占满全幅坐标纸而不偏集于某一小块地方。描出的曲线应当光滑匀称，不必强使曲线通过所有的实验数据点，但应使曲线未经过的点大致均匀分布在曲线的两侧。在每个曲线图的下面，应将曲线所代表的意义清楚明确地标出，以便阅读时能一目了然。

(3) 完成思考题。

(4) 了解主要仪器设备的型号、参数、额定值等。

3. 故障检查与处理

实验中常会遇到因断线、接错线、接触不良等原因造成的故障，这使电路工作状态异常，严重时还会损坏设备，甚至危及人身安全。

实验所用电源一般都是可调的，实验时电压应从零缓慢上升，同时注意仪表指示是否正常，有无冒烟、焦臭味、异常声及设备发热等现象。一旦发生上述异常现象，应立即切

断电源，然后报告给指导教师，一起分析原因，查找故障。

4．安全及注意事项

实验安全是学生完成实验的基本条件。实验证明，人体触电时，通过的电流超过 50 mA 就有生命危险，超过 100 mA 则在极短的时间内就能致使人死亡。电工学实验经常使用 220 V 和 380 V 的电源，而人体电阻在 1000 Ω 左右，实验中稍有不慎，就可能发生触电和损坏仪器设备的严重事故。因此，在实验中切忌麻痹大意，必须严格遵守安全操作规程，以确保实验过程中的人身安全和设备安全。我们的安全口号是"生命诚可贵，安全第一位"。

安全要求及具体注意事项如下：

(1) 不得擅自接通电源，不触及带电部分；严格遵守"先正确接线后通电""先断电后拆线"的操作顺序。

(2) 使用电子仪器时应先熟悉仪器的使用方法，了解各种旋钮的作用；使用仪表时应选择适当量程；使用电机与电器设备时应符合其铭牌上的额定值。

(3) 调压器等可调设备的起始位置要放在最安全位置，仪表挡位、量程、指零应先调好。

(4) 接通电源或起动电机时，应先告知全组人员。

(5) 发现异常现象(设备发热、有焦味、电机转动声音不正常，以及电源短路而致使保险丝熔断发出响声等)时应立即断开电源，保持现场，并报告给指导教师。造成仪器设备损坏者，需如实填写事故报告单。

(6) 注意仪器设备的规格、量程和操作规程。不了解性能和用法时，不得使用该设备。

(7) 搬动仪器设备时，必须双手轻拿轻放。

总之，实验中应当认真细致，反应灵敏；同时，不得大声喧哗，要保持实验室应有的和谐与宁静的气氛。

5．实验大纲的完善修订

(1) 2017 年制定的"电工技术"实验大纲(2017 版)：

实验室名称：电工基础实验室

课程名称	电工技术			课程编号	××××
实验总学时数	12	开课学期	4	实验依据	2017 年本科指导性培养计划
课程类别	学科基础课			课程性质	必修
适用专业	材料成型及控制工程、机械设计制造及自动化、机械设计制造及自动化(基地班)、机械设计制造及自动化(卓越)、机械电子工程、新能源科学与工程、机械电子工程(基地班)				
教学目的和基本要求	教学目的：掌握安全用电的知识和电工实验的基本操作技能，能够进行实验和相关数据的处理。电工技术实验是重要的实践性教学环节，主要培养学生掌握实验的基本技能，树立工程实践观，培养严谨、实事求是的科学作风和爱护国家财产的品德，加深和巩固对理论知识的理解，为从事工程技术工作和科学研究工作在实践能力上打下基础。 基本要求：(1) 能正确使用常用的电工仪器、仪表及电工设备；(2) 能按电路图接线、查线和排除简单的线路故障；(3) 掌握常用电气元器件的使用；(4) 能准确读取数据、观察实验现象、测取数据及测绘波形曲线；(5) 能整理分析实验数据，并写出条理清楚、内容完整的实验报告				

续表

考核方法	实验报告成绩 50%+实验平时成绩 50%				
支撑的 毕业要求	能够正确采集、整理实验数据，能对实验结果进行分析和解释，得出合理有效的结论				
序 号	实验项目名称	学时数	实验 类别	必做	选做	实 验 内 容 简 述
1	电工仪器、仪表使用和叠加原理	2	综合		√	能正确使用常用的电工仪器、仪表及电工设备；验证线性电路的叠加性和齐次性；验证非线性电路是否满足叠加性和齐次性
2	电工仪器、仪表使用和戴维宁定理	2	综合		√	能正确使用常用的电工仪器、仪表及电工设备；掌握测量有源二端网络等效参数的一般方法；验证戴维宁定理的正确性
3	RC 一阶电路	2	综合	√		学会示波器的使用方法；掌握一阶电路中电容充、放电规律，讨论参数对微积分电路的影响
4	三表法测定交流电路等效参数	2	综合		√	测量电路等效参数；判别串、并联电路的负载性质
5	感性负载电路及功率因数的提高	2	综合		√	学会正确连接日光灯电路，掌握功率因数提高的方法，掌握功率表的使用，熟悉感性负载相量研究
6	三相电路电压、电流及其功率测量	2	综合	√		测量三相电路的电压、电流及功率；掌握三相三线制、三相四线电路连接方法；掌握对称和不对称负载的测量方法
7	三相异步电动机正反转的继电接触控制	2	综合	√		了解低压常用电器的使用，实现三相异步电动机的正反转控制
8	PLC 控制的应用	2	综合	√		学会使用可编程控制器；掌握 PLC 编程软件的使用；掌握调试程序的方法
实验教材(或指导书)及参考书目	[1] 黄瑞. 电工学实践与仿真教程[M]. 西安：西安电子科技大学出版社，2016.				

实验项目制定者：×××

实验项目审定者：×××

(2) 2017 年制定的"电子技术"实验大纲(2017 版)：

实验室名称：电子技术实验室

课程名称	电子技术			课程编号	××× ×
实验总学时数	12	开课学期	5	实验依据	2017 年本科指导性培养计划
课程类别	学科基础课		课程性质		必修
适用专业	材料成型及控制工程、机械设计制造及自动化、机械设计制造及自动化(基地班)、机械设计制造及自动化(卓越)、机械电子工程、新能源科学与工程、机械电子工程(基地班)				
教学目的和基本要求	教学目的：掌握电子实验的基本操作技能，能够进行实验和相关数据的处理。电子技术实验是技术基础实验，主要培养学生电子技术方面的初步实验能力；培养学生严谨、实事求是的科学作风和爱护国家财产的品德，加深和巩固对理论知识的理解，为从事工程技术工作和科学研究工作在实践能力上打下基础。　基本要求：(1) 能正确使用常用的电子仪器设备；(2) 能按电路图接线、查线和排除简单的线路故障；(3) 掌握常用电子元器件的使用；(4) 初步学会使用半导体二极管、晶体管和集成运算放大器、集成稳压器、门电路、触发器、计数器等中、小规模集成电路；(5) 能准确读取数据、观察实验现象、测取数据及测绘波形曲线；(6) 能整理分析实验数据，并写出条理清楚、内容完整的实验报告				
考核方法	综合测评：实验报告成绩 50%+实验平时成绩 50%				
支撑的毕业要求	能够正确采集、整理实验数据，能对实验结果进行分析和解释，得出合理有效的结论				

序号	实验项目名称	学时数	实验类别	必做	选做	实验内容简述
1	单管共射极放大电路	2	综合	√		常用电子仪器的使用；基本共射极放大电路的组成及工作原理；放大器静态工作点的调整；放大电路静、动态参数的测量；失真现象的调试
2	集成运算放大器的应用	2	综合	√		了解运算放大电路的基本性能；应用集成运算放大器构成比例、加法、减法等基本信号运算电路，并对运算误差进行分析
3	整流、滤波和稳压电路	2	综合	√		了解整流、滤波、稳压电路的功能；加深对直流电源的理解；掌握直流稳压电源的主要技术指标的测试方法
4	基本逻辑门电路的应用	2	设计	√		掌握基本门电路构成组合逻辑电路的设计方法，验证逻辑功能；了解组合逻辑电路的测试方法
5	中规模组合逻辑器件的应用	2	设计	√		掌握中规模集成译码器、集成数据选择器的逻辑功能及使用方法；掌握用中规模集成器件设计组合逻辑电路的方法及其方案的选择
6	中小规模时序逻辑电路(计数器)	2	综合	√		熟悉集成计数器的逻辑功能、测试方法，并掌握用中、小规模集成器件组成计数器的方法，计数器的级联使用，译码及显示

实验教材(或指导书)及参考书目	[1] 黄瑞. 电工学实践与仿真教程[M]. 西安：西安电子科技大学出版社，2016.

实验项目制定者：×××

实验项目审定者：×××

(3) 为适应新课程改革，2021 年修订了实验教学大纲，把"电工技术"与"电子技术"实验合并为"电工学基础"实验教学大纲(2021 版)：

实验室名称：电工基础实验室，电子技术实验室

课程名称	电工学基础			课程编号	××××
实验总学时数	12	开课学期	4	实验依据	2021 年本科指导性培养计划
课程类别	学科基础类			课程性质	必修
适用专业	能源与动力工程、能源与动力工程(红柳卓越班)、纺织工程、工业工程机械设计制造及其自动化、机械设计制造及其自动化(红柳基地班)、机械设计制造及其自动化(红柳卓越班)、材料成型及控制工程、材料成型及控制工程(红柳卓越班)、过程装备与控制工程、过程装备与控制工程(红柳卓越班)、新能源科学与工程、新能源与动力工程(红柳卓越班)、机械电子工程、机械电子工程(红柳卓越班)、应用物理等专业					
教学目标和基本要求	教学目标：掌握安全用电的知识和电工电子实验的基本操作技能，能够进行实验和相关数据的处理，培养科学严谨的态度、求真务实的职业精神，以及将电工技术和电子技术应用于专业技术领域的能力。 基本要求：(1) 熟悉电工、电子常用器件(包括集成元件)的应用电路和应用方法；(2) 能按电路图接线、查线和排除简单的线路故障；(3) 学习查阅手册，具有使用常用电子元器件的基本知识；(4) 能准确读取数据、观察实验现象、测取数据及测绘波形曲线；(5) 能正确使用仿真软件，准确处理实验数据并分析实验结果，能独立撰写实验报告					
考核方法	实验报告成绩 50%+实验平时成绩 50%					
支撑的毕业要求	能够基于科学原理并采用科学方法对复杂工程问题进行研究，包括设计实验、分析与解释数据，并通过综合信息得到合理有效的结论					

序号	实验项目名称	学时数	实验类别	必做	选做	实验内容简述
1	电工仪器、仪表使用和戴维宁定理	2	综合	√		能正确使用常用的电工仪器、仪表；用开路短路法测定等效电阻；进行有源网络的负载实验；戴维宁等效电路的负载实验
2	三表法测定交流电路等效参数	2	综合	√		使用三表法测电路参数，根据参数判断阻抗性质
3	三相异步电动机正反转的继电接触控制	2	综合	√		了解电器的使用，实现三相鼠笼式异步电动机正反转控制
4	集成运算放大器的应用	2	综合	√		了解运算放大电路的基本性能；应用集成运放构成比例、加法、减法等基本信号运算电路，并对运算误差进行分析

序号	实验项目名称	学时数	实验类别	必做	选做	实验内容简述
5	基本逻辑门电路的应用	2	设计	√		掌握基本门电路构成组合逻辑电路的设计方法，验证逻辑功能；了解组合逻辑电路的测试方法
6	中小规模时序逻辑电路(计数器)	2	综合	√		熟悉集成计数器的逻辑功能、测试方法；掌握用中、小规模集成器件组成计数器的方法，计数器的级联使用，译码及显示
实验教材(或指导书)及参考书目	黄瑞.《电工学实践与仿真教程》[M].西安电子科技大学出版社，2021					

实验项目制定者：×××

实验项目审定者：×××

6. 实验报告及其规范

撰写实验报告是总结实验的一种形式，是实验课程全过程的必要组成部分。实验报告中应给出实验的目的、方法、过程，记录实验的结果，并对实验进行整理、分析、总结。实验报告还具有评定成绩和保留资料的作用。另外，撰写实验报告也是基本技能训练的一部分，可以初步培养和训练逻辑归纳能力、综合分析能力和文字表达能力。因此，参加实验的每位学生，均应及时、认真地书写实验报告。撰写实验报告时，要求内容实事求是，分析全面具体，文字简练通顺，撰写清楚整洁。

一个完整的实验报告应包括实验封皮、实验名称、实验目的、实验设备、实验内容、实验仿真、实验数据、实验分析、实验总结等内容。本课程对实验报告的格式有统一规范的要求，具体可参照本书的附录。

第 2 章　电工技术实验

本章包括直流电路实验、动态电路实验、交流电路实验、电机实验和电气控制实验，是电工学实验的基础，侧重实验基本概念、基本定理、基本技能、基本应用等方面，培养学生正确测量、观测现象、进行实验分析以及实验故障排查的基本能力。"电工技术"实验不仅在全过程育人和全方位育人等方面对课程思政进行实践和探索，而且要利用实验教学这个"主战场"，加强学生的思想政治教育，培养学生科学的思维方法、严谨的工作态度和爱国情怀，通过贴近实践、应用于实际的方式，对学生进行思想政治教育，指引和培养学生养成良好的学习习惯，树立正确的人生观和价值观，并对未来的人生进行科学规划。

2.1　电阻元件伏安特性的测定

1. 实验目的

(1) 掌握线性电阻、非线性电阻元件伏安特性的逐点测试法。

(2) 学习恒电源、直流电压表、电流表的使用方法。

2. 实验原理

任一二端电阻元件的特性可用该元件上的端电压 U 与通过该元件的电流 I 之间的函数关系 $U=f(I)$ 来表示，即用 U-I 平面上的一条曲线来表征，这条曲线称为该电阻元件的伏安特性曲线。根据伏安特性的不同，电阻元件分为两大类：线性电阻元件和非线性电阻元件。线性电阻元件的伏安特性曲线是一条通过坐标原点的直线，如图 2-1-1(a)所示，该直线的斜率只由电阻元件的电阻值 R 决定，其阻值为常数，与元件两端的电压 U 和通过该元件的电流 I 无关；非线性电阻元件的伏安特性是一条经过坐标原点的曲线，其阻值 R 不是常数，即在不同的电压作用下，电阻值是不同的，常见非线性电阻元件如白炽灯丝、普通二极管、稳压二极管等都具有非线性电阻的特性，它们的伏安特性如图 2-1-1(b)、(c)、(d)。在图 2-1-1 中，$U>0$ 的部分为正向特性，$U<0$ 的部分为反向特性。

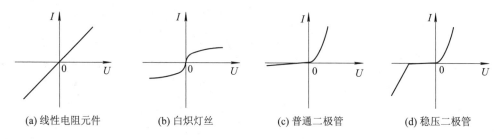

(a) 线性电阻元件　　　(b) 白炽灯丝　　　(c) 普通二极管　　　(d) 稳压二极管

图 2-1-1　电阻元件伏安特性曲线

绘制伏安特性曲线通常采用逐点测试法，即在不同的端电压作用下，测量出相应的电流，然后逐点绘制出伏安特性曲线，根据伏安特性曲线便可计算其电阻值。

3．实验设备

(1) 直流数字电压表、直流数字电流表；

(2) 恒压源(双路 0～30 V 可调)。

4．实验内容

(1) 线性电阻的伏安特性。线性电阻的伏安特性实验电路如图 2-1-2 所示，图中的电源 U_S 选用恒压源的可调稳压输出端，通过直流数字毫安表与 1 kΩ 线性电阻相连，电阻两端的电压用直流数字电压表测量。

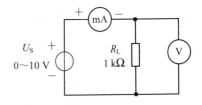

图 2-1-2　线性电阻实验电路

调节恒压源可调稳压电源的输出电压 U，从 0 V 开始缓慢地增加(不能超过 10 V)，电压表和电流表的读数记入表 2-1-1 中。

表 2-1-1　线性电阻伏安特性数据

U/V	1	2	3	4	5	6
I/mA						

(2) 6.3 V 白炽灯泡的伏安特性。将图 2-1-2 中的 1 kΩ 线性电阻换成一只 6.3 V 的灯泡，重复 1)的步骤，电压不能超过 6.3 V，电压表和电流表的读数记入表 2-1-2 中。

表 2-1-2　6.3V 白炽灯泡伏安特性数据

U/V	0	1	2	3	4	5	6.3
I/mA							

(3) 半导体二极管的伏安特性。半导体二极管的伏安特性电路如图 2-1-3 所示，R 为限流电阻，取 200 Ω(十进制可变电阻箱)，二极管的型号为 IN4007。测二极管的正向特性时，其正向电流不得超过 25 mA，二极管 VD 的正向压降可在 0～0.72 V 之间取值。特别是在 0.5～0.72 V 之间更应取几个测量点；测反向特性时，将可调稳压电源的输出端正、负连线互换，调节可调稳压输出电压 U_S，

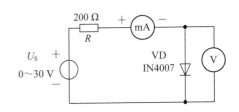

图 2-1-3　半导体二极管实验电路

从 0 V 开始缓慢地增加(不能超过−30 V)，将数据分别记入表 2-1-3 和表 2-1-4 中。

表 2-1-3　二极管正向特性实验数据

U/V	0	0.2	0.4	0.45	0.5	0.55	0.60	0.65	0.70	0.72
I/mA										

表 2-1-4　二极管反向特性实验数据

U/V	0	−5	−10	−15	−20	−25
I/mA						

(4) 稳压管的伏安特性。将图 2-1-3 中的二极管 IN4007 换成稳压管 2CW51，重复实验内容 3)的测量，其正、反向电流不得超过±20 mA，将数据分别记入表 2-1-5 和表 2-1-6 中。

表 2-1-5　稳压管正向特性实验数据

U/V	0	0.2	0.4	0.45	0.5	0.55	0.60	0.65	0.70	0.72
I/mA										

表 2-1-6　稳压管反向特性实验数据

U_S/V	0	-5	-10	-15	-20	-25
U/V	0	-1.5	-2	-2.5	-2.8	-3
I/mA						

5. 实验注意事项

(1) 测量时，可调稳压电源的输出电压由 0 逐渐增加，应时刻注意电压表和电流表，不能超过规定值。

(2) 稳压电源输出端切勿碰线短路。

(3) 测量中，随时注意电流表读数，及时更换电流表量程，勿使仪表超量程。

6. 思考题

(1) 线性电阻与非线性电阻的伏安特性有何区别？它们的电阻值与通过的电流有无关系？

(2) 如何计算线性电阻与非线性电阻的电阻值？

(3) 请举例说明哪些元件是线性电阻，哪些元件是非线性电阻，以及它们的伏安特性曲线的形状。

(4) 设某电阻元件的伏安特性函数式为 $I=f(U)$，如何用逐点测试法绘制出伏安特性曲线？

7. 实验报告要求

(1) 根据实验数据，分别在方格纸上绘制出各个电阻的伏安特性曲线。

(2) 根据伏安特性曲线，计算线性电阻的电阻值，并与实际电阻值比较。

(3) 根据伏安特性曲线，计算白炽灯在额定电压(6.3 V)时的电阻值；当电压降低 20% 时，阻值为多少？

2.2　叠　加　定　理

1. 实验目的

(1) 验证叠加原理。

(2) 了解叠加原理的应用场合。

(3) 理解线性电路的叠加性和齐次性。

2. 实验原理

叠加原理指出，在有几个独立源共同作用下的线性电路中，通过每一个元件的电流或其两端的电压，可以看做由每一个独立源单独作用时在该元件上所产生的电流或电压的代

数和。具体方法是：一个独立源单独作用时，其他的独立源必须去掉(电压源短路，电流源开路)；在求电流或电压的代数和时，当电源单独作用时，电流或电压的参考方向与共同作用时的参考方向一致，符号取正，否则取负。在如图 2-2-1 所示叠加原理的原理图中，

$$I_1 = I_1' - I_1'', \qquad I_2 = -I_2' + I_2'', \qquad I_3 = I_3' + I_3''$$

$$U = U' + U''$$

　　叠加原理反映了线性电路的叠加性，线性电路的齐次性是指当激励信号(如电源作用)增加或减小 K 倍时，电路的响应(即在电路其他各电阻元件上所产生的电流和电压值)也将增加或减小 K 倍。叠加性和齐次性都只适用于求解线性电路中的电流、电压。对于非线性电路，叠加性和齐次性都不适用。

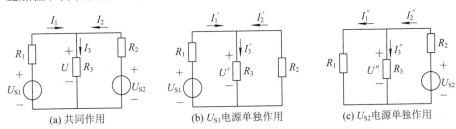

图 2-2-1　叠加原理的原理图

3．实验设备

(1) 直流数字电压表、直流数字毫安表；

(2) 恒压源(双路 0～30 V 可调)；

(3) 叠加原理实验线路一块。

4．实验内容

　　叠加原理实验电路如图 2-2-2 所示，图中，$R_1 = R_3 = R_4 = 510\ \Omega$，$R_2 = 1\text{k}\Omega$，$R_5 = 330\ \Omega$，电源 U_{S1} 是将 0～+30 V 恒压源其中一路的输出电压调至+12 V，U_{S2} 是将 0～+30 V 恒压源另一路的输出电压调至+6 V(以直流数字电压表读数为准)，将开关 S_3 投向 R_3 侧。

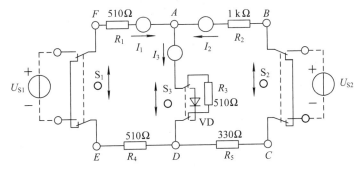

图 2-2-2　叠加原理实验电路

　　(1) U_{S1} 电源单独作用(将开关 S_1 投向 U_{S1} 侧，开关 S_2 投向短路侧)。参考图 2-2-1(b)，画出电路图，标明各电流、电压的参考方向。

　　用直流数字毫安表接电流插头测量各支路电流：将电流插头的红接线端插入数字毫安

表的正接线端，电流插头的黑接线端插入数字毫安表的负接线端，测量各支路电流。按规定，在结点 A，电流表读数为"+"，表示电流与参考方向一致；读数为"−"，表示电流与参考方向相反，然后根据电路中的电流参考方向，确定各支路电流的正、负号，并将数据记入表 2-2-1 中。

表 2-2-1　实验数据一

测量项目 实验内容	U_{S1} /V	U_{S2} /V	I_1 /mA	I_2 /mA	I_3 /mA	U_{AB} /V	U_{CD} /V	U_{AD} /V	U_{DE} /V	U_{FA} /V
U_{S1} 单独作用	12	0								
U_{S2} 单独作用	0	6								
U_{S1}、U_{S2} 共同作用	12	6								
U_{S2} 单独作用	0	12								
U_{S1} 单独作用	6	0								
U_{S1}、U_{S2} 共同作用	6	12								

用直流数字电压表测量各电阻元件两端电压：电压表的正接线端应插入被测电阻元件电压参考方向的正端，电压表的负接线端插入电阻元件的另一端(电阻元件电压参考方向与电流参考方向一致)，将各电阻元件两端的测量电压值记入表 2-2-1 中。

(2) U_{S2} 电源单独作用(将开关 S_1 投向短路侧，开关 S_2 投向 U_{S2} 侧)。参考图 2-2-1(c)，画出电路图，标明各电流、电压的参考方向。

重复步骤(1)的测量并将数据记入表 2-2-1 中。

(3) U_{S1} 和 U_{S2} 共同作用时(开关 S_1 和 S_2 分别投向 U_{S1} 和 U_{S2} 侧)，参考图 2-2-1(a)，各电流、电压的参考方向见图 2-2-2。

完成上述电流、电压的测量并将数据记入表 2-2-1 中。

(4) 将 U_{S2} 的数值调至+12 V，重复第(2)步的测量，并将数据记录在表 2-2-1 中。

(5) 将开关 S_3 投向二极管 VD 侧，即电阻 R_3 换成一只二极管 IN4007，重复步骤(1)~(4)的测量过程，并将数据记入表 2-2-2 中。

表 2-2-2　实验数据二

测量项目 实验内容	U_{S1} /V	U_{S2} /V	I_1 /mA	I_2 /mA	I_3 /mA	U_{AB} /V	U_{CD} /V	U_{AD} /V	U_{DE} /V	U_{FA} /V
U_{S1} 单独作用	12	0								
U_{S2} 单独作用	0	6								
U_{S1}、U_{S2} 共同作用	12	6								
U_{S2} 单独作用	0	12								

5．实验注意事项

(1) 用电流插头测量各支路电流时，应注意仪表的极性及数据表格中"＋"、"－"号的记录。

(2) 注意仪表量程的及时更换。

(3) 电源单独作用时，去掉另一个电压源，只能在实验板上用开关 S_1 或 S_2 操作，而不

能直接将电源短路。

6．思考题

(1) 叠加原理中，U_{S1}、U_{S2} 分别单独作用，在实验中应如何操作？可否将要去掉的电源(U_{S1} 或 U_{S2})直接短接？

(2) 实验电路中，若有一个电阻元件改为二极管，叠加性与齐次性还成立吗？为什么？

7．实验报告要求

(1) 根据表 2-2-1 实验数据一，通过求各支路电流和各电阻元件两端电压，验证线性电路的叠加性与齐次性。

(2) 各电阻元件所消耗的功率能否用叠加原理计算出？试用上述实验数据计算并说明。

(3) 根据表 2-2-1 实验数据一，用叠加原理计算各支路电流和各电阻元件两端电压。

(4) 根据表 2-2-2 实验数据二，说明叠加性与齐次性是否适用该实验电路。

2.3　电压源、电流源及其电源等效变换的研究

1．实验目的

(1) 掌握建立电源模型的方法。

(2) 掌握电源外特性的测试方法。

(3) 加深对电压源和电流源特性的理解。

(4) 研究电源模型等效变换的条件。

2．实验原理

(1) 电压源和电流源。电压源具有端电压保持恒定不变，而输出电流的大小由负载决定的特性。其外特性，即端电压 U 与输出电流 I 的关系 $U=f(I)$ 是一条平行于 I 轴的直线。实验中使用的恒压源在规定的电流范围内，具有很小的内阻，可以将它视为一个电压源。

电流源具有输出电流保持恒定不变，而端电压的大小由负载决定的特性。其外特性，即输出电流 I 与端电压 U 的关系 $I=f(U)$ 是一条平行于 U 轴的直线。实验中使用的恒流源在规定的电流范围内，具有极大的内阻，可以将它视为一个电流源。

(2) 实际电压源和实际电流源。实际上任何电源内部都存在电阻，通常称为内阻。因而，实际电压源可以用一个内阻 R_S 和电压源 U_S 串联表示，其端电压 U 随输出电流 I 增大而降低。在实验中，可以用一个小阻值的电阻与恒压源相串联来模拟一个实际电压源。

实际电流源是用一个内阻 R_S 和电流源 I_S 并联表示的，其输出电流 I 随端电压 U 增大而减小。在实验中，可以用一个大阻值的电阻与恒流源相并联来模拟一个实际电流源。

(3) 实际电压源和实际电流源的等效互换。一个实际的电源，就其外部特性而言，既可以看成一个电压源，又可以看成一个电流源。若视为电压源，则可用一个电压源 U_S 与一个电阻 R_S 相串联表示；若视为电流源，则可用一个电流源 I_S 与一个电阻 R_S 相并联来表示。若它们向同样大小的负载提供同样大小的电流和端电压，则称这两个电源是等效的，即具有相同的外特性。

实际电压源与实际电流源等效变换的条件为：

(1) 取实际电压源与实际电流源的内阻均为 R_S。

(2) 已知实际电压源的参数为 U_S 和 R_S，则实际电流源的参数为 $I_S = U_S/R_S$ 和 R_S，若已知实际电流源的参数为 I_S 和 R_S，则实际电压源的参数为 $U_S = I_S R_S$ 和 R_S。

3．实验设备

(1) 直流数字电压表、直流数字毫安表；

(2) 恒压源(双路 0～30 V 可调)；

(3) 恒源流(0～200 mA 可调)。

4．实验内容

(1) 电压源(恒压源)与实际电压源的外特性。电压源(恒压源)的外特性测定电路如图 2-3-1 所示，图中的电源 U_S 是将 0～+30 V 恒压源其中一路的输出电压调至+6 V，R_1 取 200 Ω 的固定电阻，R_2 取 470 Ω 的电位器。调节电位器 R_2，令其阻值由大至小变化，将电流表、电压表的读数记入表 2-3-1 中。

表 2-3-1　电压源外特性数据

I/mA						
U/V						

在图 2-3-1 电路中，将电压源改成实际电压源，如图 2-3-2 所示，图中内阻 R_S 取 51 Ω 的固定电阻，调节电位器 R_2，令其阻值由大至小变化，将电流表、电压表的读数记入表 2-3-2 中。

表 2-3-2　实际电压源外特性数据

I/mA						
U/V						

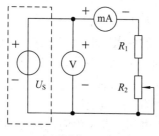

图 2-3-1　电压源(恒压源)外特性电路

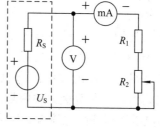

图 2-3-2　实际电压源电路

(2) 电流源(恒流源)与实际电流源的外特性。电流源(恒流源)的外特性电路如图 2-3-3 所示。图中，I_S 为恒流源，调节其输出为 5 mA(用毫安表测量)，R_2 取 470 Ω 的电位器，在 R_S 分别为 1 kΩ 和∞两种情况下，调节电位器 R_2，令其阻值由大至小变化，将电流表、电压表的读数记入自拟的数据表格中。

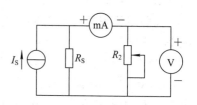

图 2-3-3　电流源(恒流源)外特性电路

(3) 电源等效变换的条件。电源等效变换电路如图 2-3-4 所示，图 2-3-4(a)、(b)中的内阻 R_S 均为 51 Ω，负载电阻 R 均为 200 Ω。

在图 2-3-4(a)电路中，将恒压源其中输出一路调至+3 V，作为 U_S，记录该图中电流表、电压表的读数。然后调节图 2-3-4(b)电路中恒流源 I_S，令两表的读数与图 2-3-4(a)的数值相等，记录这时的 I_S 值，验证等效变换条件的正确性。

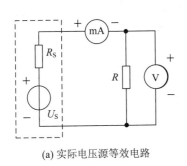 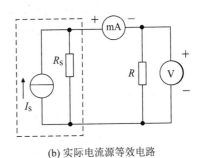

(a) 实际电压源等效电路   (b) 实际电流源等效电路

图 2-3-4 电源等效变换电路

5. 实验注意事项

(1) 在测电压源外特性时，不要忘记测空载($I=0$)时的电压值；测电流源外特性时，不要忘记测短路($U=0$)时的电流值，注意恒流源负载电压不可超过 20 V，负载更不可开路。

(2) 换接线路时，必须关闭电源开关。

(3) 直流仪表的接入应注意极性与量程。

6. 思考题

(1) 电压源的输出端为什么不允许短路？电流源的输出端为什么不允许开路？

(2) 说明电压源和电流源的特性。其输出是否在任何负载下能保持恒值？

(3) 实际电压源与实际电流源的外特性为什么呈下降变化趋势？下降得快慢受哪个参数影响？

(4) 实际电压源与实际电流源等效变换的条件是什么？所谓等效是对谁而言的？电压源与电流源能否等效变换？

7. 实验报告要求

(1) 根据实验数据绘出电源的四条外特性曲线，并总结、归纳两类电源的特性。

(2) 从实验结果验证电源等效变换的条件。

2.4 戴维宁定理

1. 实验目的

(1) 验证戴维宁定理的正确性，加深对该定理的理解。

(2) 掌握测量有源二端网络等效参数的一般方法。

2. 实验原理

(1) 戴维宁定理。

戴维宁定理：任何一个有源二端网络，总可以用一个电压源 U_S 和一个电阻 R_0 串联组成的实际电压源来代替，其中，电压源 U_S 等于这个有源二端网络的开路电压 U_{OC}，内阻

R_0 等于该网络中所有独立电源均置零(电压源短路，电流源开路)后的等效电阻 R_0。

U_S、R_0 和 I_S、R_0 称为有源二端网络的等效参数。

(2) 有源二端网络等效参数的测量方法。

① 开路电压、短路电流法。在有源二端网络输出端开路时，用电压表直接测其输出端的开路电压 U_{OC}，然后再将其输出端短路，测其短路电流 I_{SC}，且内阻为

$$R_0 = \frac{U_{OC}}{I_{SC}}$$

若有源二端网络的内阻值很低，则不宜测其短路电流。

② 伏安法。一种方法是用电压表、电流表测定有源二端网络的外特性曲线，如图 2-4-1 所示。开路电压为 U_{OC}，根据外特性曲线求出斜率 $\tan\varphi$，则内阻为

$$R_0 = \tan\varphi = \frac{\Delta U}{\Delta I}$$

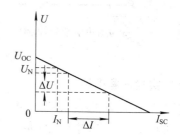

图 2-4-1　有源二端网络的外特性曲线

另一种方法是测量有源二端网络的开路电压 U_{OC}，以及额定电流 I_N 和对应的输出端额定电压 U_N，如图 2-4-1 所示，则内阻为

$$R_0 = \frac{U_{OC} - U_N}{I_N}$$

③ 半电压法。半电压法测量原理如图 2-4-2 所示，当负载电压为被测网络开路电压 U_{OC} 的一半时，负载电阻 R_L 的大小(由电阻箱的读数确定)即被测有源二端网络的等效内阻 R_0 的数值。

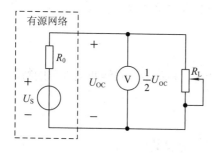

图 2-4-2　半电压法测量原理图

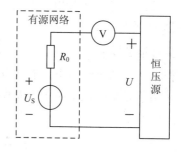

图 2-4-3　零示法测量原理图

④ 零示法。在测量具有高内阻有源二端网络的开路电压时，用电压表进行直接测量会造成较大的误差，为了消除电压表内阻的影响，往往采用零示法测量。零示法测量原理如图 2-4-3 所示。零示法测量原理是用一低内阻的恒压源与被测有源二端网络进行比较，当恒压源的输出电压与有源二端网络的开路电压相等时，电压表的读数为"0"，然后将电路断开，测量此时恒压源的输出电压 U，即被测有源二端网络的开路电压。

3. 实验设备

(1) 直流数字电压表、直流数字毫安表；

(2) 恒压源(双路 0~30 V 可调);

(3) 恒源流(0~500 mA 可调);

(4) 戴维宁定理实验线路一块。

4．实验内容

被测有源二端网络如图 2-4-4 所示。

(1) 开路电压、短路电流法测量有源二端网络的等效参数。在图 2-4-4 中，接入稳压源 U_{S1} = 12 V(将 0~+30 V 恒压源其中一路的输出电压调至 12 V)和恒流源 I_S = 5 mA 及可变电阻 R_L。先断开 R_L，测开路电压 U_{OC}；再短接 R_L，测短路电流 I_{SC}，则 $R_0 = U_{OC}/I_{SC}$，将数据记入表 2-4-1 中。

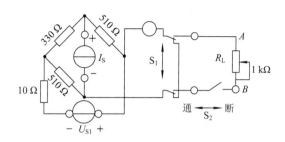

图 2-4-4 有源二端网络

表 2-4-1 开路电压、短路电流法测量数据

U_{OC}/V	I_{SC}/mA	计算 $R_0 = U_{OC}/I_{SC}$ (Ω)

(2) 有源二端网络的外特性。改变图 2-4-4 中的负载电阻 R_L 阻值，测量有源二端网络的外特性，测量负载电阻 R_L 两端的电压和该支路的电流，将数据记入表 2-4-2 中，计算负载电阻的值。

表 2-4-2 有源二端网络的外特性数据

U/V							
I/mA							
计算 R_L/Ω							

(3) 戴维宁定理等效电路的外特性。实验电路如图 2-4-5 所示。将十进制电阻箱阻值调整到等于按步骤(1)所得的等效电阻值 R_0，然后令其与上述负载电阻 R_L 及直流稳压电源 U_{S2}(调到步骤(1)时所测得的开路电压 U_{OC} 之值)相串联，仿照步骤(2)测其特性，将数据记入表 2-4-3，对戴维宁定理进行验证；测量负载电阻 R_L 两端的电压和该支路的电流，计算负载电阻的值。比较表 2-4-2 和表 2-4-3 的值，验证戴维宁定理等效关系。

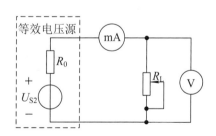

图 2-4-5 等效电路的外特性实验电路

表 2-4-3 戴维宁等效电路数据

U/V							
I/mA							
计算 R_L/Ω							

(4) 测定有源二端网络等效电阻(又称入端电阻)的其他方法。

将被测有源网络内的所有独立源置零(将电流源 I_S 去掉，也去掉电压源，并在原电压端所接的两点用一根短路导线相连)，然后用伏安法或者直接用万用表的欧姆挡去测定负载 R_L 开路后 A、B 两点间的电阻，此即被测网络的等效内阻 R_{eq} 或称网络的入端电阻 R_1。

(5) 用半电压法和零示法测量被测网络的等效内阻 R_0 及其开路电压 U_{OC}。

5. 实验注意事项

(1) 测量时，注意电流表量程的更换。

(2) 改接线路时，要关掉电源。

(3) 电压源使用过程中不允许短路，电流源使用过程中不允许开路。

6. 思考题

(1) 如何测量有源二端网络的开路电压和短路电流？在什么情况下不能直接测量开路电压和短路电流？

(2) 说明测量有源二端网络开路电压及等效内阻的几种方法，并比较其优、缺点。

7. 实验报告要求

(1) 计算有源二端网络的等效参数 U_S 和 R_0。

(2) 绘出有源二端网络和有源二端网络等效电路的外特性曲线，验证戴维宁定理的正确性。

(3) 说明戴维宁定理的应用场合。

2.5　最大功率传输条件的测定

1. 实验目的

(1) 理解阻抗匹配，掌握最大功率传输的条件。

(2) 掌握根据电源外特性设计实际电源模型的方法。

2. 实验原理

电源向负载供电的原理电路如图 2-5-1 所示。图中，R_S 为电源内阻，R_L 为负载电阻。当电路电流为 I 时，负载 R_L 得到的功率为

$$P_L = I^2 R_L = \left(\frac{U_S}{R_S + R_L} \right)^2 \times R_L$$

可见，当电源 U_S 和 R_S 确定后，负载得到的功率大小只与负载电阻 R_L 有关。

令 $\dfrac{\mathrm{d}P_L}{\mathrm{d}R_L} = 0$，解得 $R_L = R_S$ 时，负载得到的最大功率为

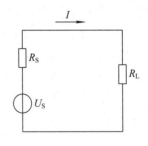

图 2-5-1　电源向负载供电的原理图

$$P_{\mathrm{L}} = P_{\mathrm{Lmax}} = \frac{U_{\mathrm{S}}^2}{4R_{\mathrm{S}}}$$

$R_{\mathrm{L}} = R_{\mathrm{S}}$ 称为阻抗匹配，即电源的内阻抗(或内电阻)与负载阻抗(或负载电阻)相等时，负载可以得到最大功率，也就是说，最大功率传输的条件是供电电路必须满足阻抗匹配。负载得到最大功率时电路的效率为

$$\eta = \frac{P_{\mathrm{L}}}{U_{\mathrm{S}}I} = 50\%$$

实验中，负载得到的功率用电压表、电流表测量。

3．实验设备

(1) 直流数字电压表、直流数字毫安表；

(2) 恒压源(双路 0～30 V 可调)；

(3) 恒流源(0～500 mA 可调)。

4．实验内容

(1) 根据电源外特性曲线设计一个实际电压源模型。已知电源外特性曲线如图 2-5-2 所示，根据图中给出的开路电压和短路电流数值，计算出实际电压源模型中的电压源 U_{S} 和内阻 R_{S}。实验中，电压源 U_{S} 选用 0～+30 V 可调恒压源，内阻 R_{S} 选用固定电阻。

(2) 电路传输功率。用上述设计的实际电压源与负载电阻 R_{L} 相连，电路传输功率测量电路如图 2-5-3 所示。图中，R_{L} 选用电阻箱，从 0～600 Ω 改变负载电阻 R_{L} 的数值，测量对应的电压、电流，将数据记入表 2-5-1 中。

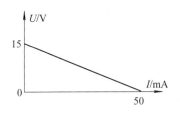

图 2-5-2　电源外特性曲线

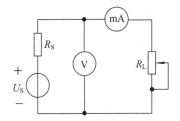

图 2-5-3　电路传输功率测量电路

表 2-5-1　电路传输功率数据

R_{L}/Ω	0	100	200	300	400	500	600
U/V							
I/mA							
P_{L}/mW							
η/(%)							

5．实验注意事项

电源用恒压源的可调电压输出端，输出电压根据计算的电压源 U_{S} 数值进行调整，防止电源短路。

6. 思考题

(1) 什么是阻抗匹配？电路传输最大功率的条件是什么？

(2) 电路传输的功率和效率如何计算？

(3) 根据图 2-5-2 给出的电源外特性曲线，计算出实际电压源模型中的电压源 U_S 和内阻 R_S，作为实验电路中的电源。

(4) 如果电压表、电流表前后位置对换，对电压表、电流表的读数有无影响？为什么？

7. 实验报告要求

(1) 根据表 2-5-1 的实验数据，计算出对应的负载功率 P_L，并画出负载功率 P_L 随负载电阻 R_L 变化的曲线，找出传输最大功率的条件。

(2) 根据表 2-5-1 的实验数据，计算出对应的效率 η，并说明：

① 传输最大功率时的效率。

② 出现最大效率的时间。由此说明电路在什么情况下，传输最大功率才比较经济、合理？

2.6 常用典型信号的测量方法

1. 实验目的

(1) 了解示波器、函数发生器、交流毫伏表等电子仪器的工作原理和主要技术指标。

(2) 掌握函数发生器调整方法、交流毫伏表的测量方法和万用表的使用方法。

(3) 掌握用双踪示波器测量信号的幅度、频率和相位的方法。

(4) 掌握 WYJ 系列双路直流稳压电源输出电压调整与测量的方法。

2. 预习要求

预习有关电子仪器的使用说明。

3. 实验原理

1) 基本电子仪器的作用

在模拟电子电路的实验中经常使用的电子仪器有示波器、函数发生器及交流毫伏表等，它们和万用表一起，可以完成对模拟电子电路的静态和动态工作情况的测试。

(1) 示波器主要用于观察信号波形随时间变化的规律，研究电路的瞬态过程，它是时域测量仪器，还可以用来测量信号幅度、周期。

(2) 函数信号发生器常作为被测量电路的信号源，为电路提供不同频率和幅度的正弦波、方波、三角波等输入信号。

(3) 交流毫伏表也称晶体管毫伏表，是一块有源的电压表，用来测量正弦信号有效值的大小。在电子测量中，低频信号发生器和交流毫伏表均用于研究被测电路的稳态过程，是稳态测量仪器。

(4) 直流稳压电源为电路提供直流电源。

(5) 万用表(指针式、数字式)是一种可进行多种电量测量的、多量程的电气测量仪表，常用来测量电压、电流、电阻等。

2) 基本电子仪器的使用方法

(1) 信号发生器输出信号的调节方法。调节"波形选择开关"，可选择输出信号波形(正弦波、方波、三角波)；按下"频率范围"波段开关，配合面板上的"频率调节旋钮"，可以使信号发生器的输出频率为 1 Hz～2 MHz，LED 显示窗口将显示出相应的频率值；调节"输出衰减(–20 dB、–40 dB)"开关和"幅度调节"旋钮，可以得到 1～5 V 的输出电压。

(2) 交流毫伏表的使用方法。先打开电源开关，将量程开关置于适当位置，测量交流电压有效值。表盘电压标度尺共有 0～1 和 0～3 两条，量程有 1 mV、3 mV、10 mV、30 mV、100 mV、300 mV 和 1 V、3 V、10 V、30 V、300 V 共 11 挡，测量电压时与"1"成整数倍的量程，读 0～1 的电压标度尺，并乘以相应的倍率；与"3"成整数倍的量程，读 0～3 的电压标度尺，然后乘以相应的倍率。

(3) 示波器的使用方法。先将示波器面板上各键置于如下位置："显示方式"置于"X-Y"；"极性"置于"+"；"触发方式"置于"内触发"；"DC、GND、AC"开关置于"AC"；"高频、常态、自动"开关置于"自动"；"灵敏度 V/div"开关置于"0.2 V/div"，其微调置于校准；"扫描时间"置于 0.5 ms/div，其"微调"旋钮应置于"校准"。然后用同轴电缆将校准信号输出端与 CH1(CH2)通道输入端相连接，开启电源后，示波器屏幕上应显示幅度为 0.5 V、周期为 1 ms 的方波。调节"辉度""聚焦"和"辅助聚焦"各旋钮，使屏幕上观察到的波形细而清晰；调节"V/div"和"扫描时间"旋钮，观察屏幕上波形的变化。实验中各种电子仪器之间的连接如图 2-6-1 所示。

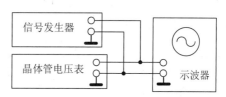

图 2-6-1　基本电子仪器连接框图

(4) 稳压电源的使用。WYJ 系列可调直流稳压电源是一种输出电压和输出电流连续可调、稳压和稳流自动转换的高精度直流线性稳压电源，输出电压能从零到额定值范围任意选择。其调整方法是先将稳流调节旋钮顺时针方向调至最大，然后打开电源开关，再调节电压调节旋钮，即可从输出端得到所需要的直流电压。其他系列的稳压电源调节方法类似。

4．实验设备

(1) 双踪示波器　COS5020(YX4320)；

(2) 信号发生器　SG1645(SG1646B)；

(3) 交流毫伏表　SX2171B(SX2172)；

(4) 双路稳压电源　WYJ 系列；

(5) 万用表　MF-10 型(或数字万用表)。

5．实验内容

(1) 稳压电源的使用。分别将双路直流稳压电源的两路输出调到+3 V 和+12 V，用数字式(或指针式)万用表的直流电压挡分别测量稳压电源的输出电压；再调电压调节旋钮使两路电源都输出+5 V 电压，然后将第一路输出端子的负端与第二路输出端子的正端相连接，即可获得±5 V 的输出电压。

(2) 交流信号电压幅值的测量。将信号发生器频率旋钮调至 1 kHz，调节"输出调节"旋钮，使仪器输出电压为 5 V 正弦波，分别置分贝衰减开关于 0 dB、20 dB、40 dB、60 dB

挡，用示波器、交流毫伏表分别测量函数发生器输出信号的值，将测量结果记入表 2-6-1 中，并说明峰峰值、有效值是如何测量的。

表 2-6-1　交流信号电压测量数据

输出衰减	0 dB	20 dB	40 dB	60 dB
"V/div" 位置				
波形高度(格)				
电压峰峰值				
电压有效值				

(3) 交流信号频率的测量。当交流信号频率分别为 2 kHz 时，调节"扫描秒时间(t/div)""扫描微调"旋钮，使屏幕上出现 2～5 个完整波形，然后将"扫描微调"置"校准"位置，观察"扫描秒时间(t/div)"旋钮所置的位置，以及屏幕上波形一个周期在 X 轴上所占的格数 n，计算被测信号周期 $T = t/\text{div} \times n$，被测信号频率 $f = 1/T$。用此法分别测量函数信号发生器输出电压频率为 200 Hz、2 kHz、20 kHz、200 kHz 时的周期，测量时调整"扫描秒时间"旋钮，使不同频率下屏幕上显示的波形(指一个周期的波形)个数相同。将测量结果记录于表 2-6-2 中。

表 2-6-2　交流信号频率测量数据

信号频率/Hz	200	2k	20k	200k
扫描时间/(t/div)				
格数/每周期(n)				
信号周期				

6. 实验注意事项

(1) 在使用仪器时，要了解各旋钮的作用、位置，调节旋钮时不要用力过大，注意旋钮的极限位置。

(2) 在使用交流毫伏表时，要注意共地，旋钮应从高挡位到低挡位逐次调节；结束使用时，旋钮应置于高挡位。

(3) 在使用万用表时，要注意交、直流挡的切换，在进行直流测试时，要注意正、负极性；在测量电阻时，每换一次量程要重新调零；在判断晶体管极性时，要注意万用表内部电池的极性；结束使用时，旋钮应置于电压最高挡位。

(4) 实验中应注意各仪器的公共接地端应连接在一起(称共地)；仪器测试线应用屏蔽线或专用电缆线，如使用屏蔽线，则屏蔽线的外包金属网应接在公共接地端上。在测量之前，仪器要先预热，使其进入稳定工作状态。

7. 思考题

(1) 实验中能否用交流毫伏表测量方波、三角波？

(2) 用示波器观察信号波形时，为了达到下列要求，应调节哪些控制旋钮？

① 波形清晰，亮暗适中；

② 波形位于屏幕中央部位，且幅值大小控制在坐标刻度范围内；

③ 波形疏密适当；

④ 波形稳定。

(3) 若要从双路稳压电源输出端得到±5 V的直流电压，稳压电源的旋钮应如何调节？输出端的两对“+”“–”端子应如何连接？画出连接示意图。

8．实验报告要求

(1) 整理并记录实验数据。

(2) 分析测量结果与理论值的误差，说明原因。

(3) 回答思考题。

2.7　RC 一阶电路

1．实验目的

(1) 研究 RC 一阶电路的零输入响应、零状态响应和全响应的规律和特点。

(2) 学习一阶电路时间常数的测量方法，了解电路参数对时间常数的影响。

(3) 掌握微分电路和积分电路的基本概念。

2．实验原理

(1) RC 一阶电路的零状态响应。RC 一阶电路如图 2-7-1 所示，开关 S 在“1”的位置，$u_C=0$，处于零状态；当开关 S 合向“2”的位置时，电源通过 R 向电容 C 充电，$u_C(t)$ 称为零状态响应：

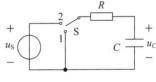

图 2-7-1　RC 一阶电路

$$u_C = U_S - U_S e^{-\frac{t}{\tau}}$$

其变化曲线如图 2-7-2 所示，u_C 上升到 $0.63U_S$ 所需要的时间称为时间常数 τ。

(2) RC 一阶电路的零输入响应。在图 2-7-1 中，开关 S 在“2”的位置电路稳定后，再合向“1”的位置时，电容 C 通过 R 放电，$u_C(t)$ 称为零输入响应：

$$u_C = U_S e^{-\frac{t}{\tau}}$$

其变化曲线如图 2-7-3 所示，u_C 下降到 $0.368U_S$ 所需要的时间称为时间常数 τ。

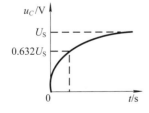

图 2-7-2　零状态响应曲线

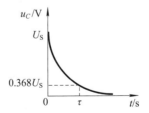

图 2-7-3　零输入响应曲线

(3) 测量 RC 一阶电路时间常数 τ。图 2-7-1 电路的上述暂态过程很难观察，为了用普通示波器观察电路的暂态过程，需采用图 2-7-4 所示的周期性方波 u_S 作为电路的激励信号；

方波信号的周期为 T，只要满足 $\dfrac{T}{2} \geqslant 5\tau$，便可在示波器的荧光屏上形成稳定的响应波形。

电阻 R、电容 C 串联后与方波发生器的输出端连接，用双踪示波器观察电容电压 u_C，便可观察到稳定的指数曲线，如图 2-7-5 所示，在荧光屏上测得电容电压最大值 $a(\text{cm})$。取 $b = 0.632a(\text{cm})$，与指数曲线交点对应时间 t 轴的 x 点，则根据时间 t 轴比例尺(扫描时间 $\dfrac{t}{\text{cm}}$)，该电路的时间常数 $\tau = x(\text{cm}) \times \dfrac{t}{\text{cm}}$。

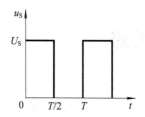

图 2-7-4　周期性方波

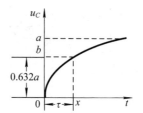

图 2-7-5　时间常数的测量

(4) 微分电路和积分电路。在方波信号 u_S 作用于电阻 R、电容 C 的串联电路中，当满足电路的时间常数 τ 远远小于方波周期 T 的条件时，电阻两端(输出)的电压 u_R 与方波输入信号 u_S 呈微分关系，$u_R \approx RC\dfrac{\mathrm{d}u_S}{\mathrm{d}t}$，该电路称为微分电路。当满足电路的时间常数 τ 远远大于方波周期 T 的条件时，电容 C 两端(输出)的电压 u_C 与方波输入信号 u_S 呈积分关系，$u_C \approx \dfrac{1}{RC}\displaystyle\int u_S \mathrm{d}t$，该电路称为积分电路。

微分电路和积分电路的输出、输入关系如图 2-7-6(a)、(b)所示。

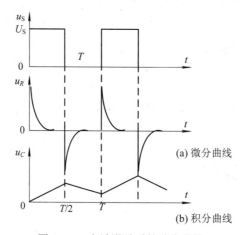

图 2-7-6　方波激励时的响应曲线

3．实验设备

(1) 双踪示波器；

(2) 信号源(方波输出)。

4．实验内容

RC 一阶电路实验电路如图 2-7-7 所示，用双踪示波器观察电路激励(方波)信号和响应信号。u_S 为方波输出信号，调节信号源输出，从示波器上观察，使方波的峰峰值 $U_{pp} = 2$ V，$f = 1$ kHz。

(1) RC 一阶电路的充、放电过程。

① 测量时间常数 τ：选择 R、C 元件，令 $R = 10$ kΩ，$C = 0.01$ μF，用示波器观察激励 u_S 与响应 u_C 的变化规律，测量并记录时间常数 τ。

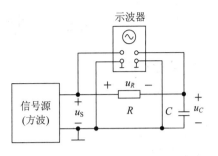

图 2-7-7 RC 一阶电路实验电路图

② 观察时间常数 τ(即电路参数 R、C)对暂态过程的影响：令 $R = 10$ kΩ，$C = 0.01$ μF，观察并描绘响应的波形，继续增大 C(取 0.01～0.1 μF)或增大 R(取 10 kΩ、30 kΩ)，定性地观察对响应的影响。

(2) 微分电路和积分电路。

① 积分电路：选 R、C 元件，令 $R = 10$ kΩ，$C = 3300$ pF，用示波器观察激励 u_S 与响应 u_C 的变化规律；保持电阻 $R = 10$ kΩ 不变，改变电容 $C = 0.01$ μF 和 $C = 0.1$ μF，分别观察 u_S 与响应 u_C 的变化规律。

② 微分电路：将实验电路中的 R、C 元件位置互换，令 $C = 0.1$ μF，$R = 100$ Ω，用示波器观察激励 u_S 与响应 u_R 的变化规律；保持电容 $C = 0.1$ μF 不变，改变电阻 $R = 510$ Ω 和 $R = 2$ kΩ，分别观察 u_S 与响应 u_R 的变化规律。

5．实验注意事项

(1) 调节电子仪器各旋钮时，动作不要过猛。实验前，需熟读双踪示波器的使用说明，在观察时，要特别注意开关、旋钮的操作与调节。

(2) 信号源的接地端与示波器的接地端要连在一起(称共地)，以防外界干扰而影响测量的准确性。

(3) 示波器的辉度不应过亮，尤其是光点长期停留在荧光屏上不动时，应将辉度调暗，以延长示波管的使用寿命。

6．思考题

(1) 用示波器观察 RC 一阶电路零输入响应和零状态响应时，为什么激励必须是方波信号？

(2) 已知 RC 一阶电路的 $R = 10$ kΩ，$C = 0.01$ μF，试计算时间常数 τ，并根据 τ 值的物理意义，拟定测量 τ 的方案。

(3) 在 RC 一阶电路中，当 R、C 的大小变化时，对电路的响应有何影响？

(4) 何谓积分电路和微分电路？它们必须具备什么条件？它们在方波激励下，输出信号波形的变化规律如何？这两种电路有何功能？

7．实验报告要求

(1) 绘出 RC 一阶电路充、放电时 u_C 与激励信号对应的变化曲线，由曲线测得 τ 值，并与参数值的理论计算结果作比较，分析误差原因。

(2) 绘出积分电路、微分电路输出信号与输入信号对应的波形。

2.8 二阶动态电路响应的测试

1. 实验目的

(1) 研究 RLC 二阶电路的零输入响应、零状态响应的规律和特点，了解电路参数对响应的影响。

(2) 学习二阶电路衰减系数、振荡频率的测量方法，了解电路参数对它们的影响。

(3) 观察、分析二阶电路响应的三种变化曲线及其特点，加深对二阶电路响应的认识与理解。

2. 实验原理

(1) 零状态响应。零状态响应电路如图 2-8-1 所示，RLC 电路中，$u_C(0)=0$，在 $t=0$ 时开关 S 闭合，电压方程为

$$LC\frac{\mathrm{d}^2 u_C}{\mathrm{d}t} + RC\frac{\mathrm{d}u_C}{\mathrm{d}t} + u_C = U$$

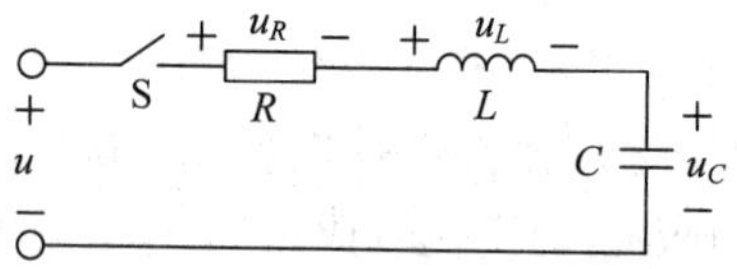

图 2-8-1 RLC 串联电路

这是一个二阶常系数非齐次微分方程，该电路称为二阶电路，电源电压 U 为激励信号，电容两端电压 u_C 为响应信号。根据微分方程理论，u_C 包含两个分量：暂态分量 u_C'' 和稳态分量 u_C'，即 $u_C = u_C'' + u_C'$，具体解与电路参数 R、L、C 有关。

当满足 $R < 2\sqrt{\dfrac{L}{C}}$ 时，

$$u_C(t) = u_C'' + u_C' = A\mathrm{e}^{-\delta t}\sin(\omega t + \varphi) + U$$

式中，衰减系数 $\delta = \dfrac{R}{2L}$；衰减时间常数 $\tau = \dfrac{1}{\delta} = \dfrac{2L}{R}$；振荡频率 $\omega = \sqrt{\dfrac{1}{LC} - \left(\dfrac{R}{2L}\right)^2}$；振荡周期 $T = \dfrac{1}{f} = \dfrac{2\pi}{\omega}$。

其变化曲线如图 2-8-2(a)所示，u_C 的变化处在衰减振荡状态，由于 R 比较小，又称为欠阻尼状态。

当满足 $R > 2\sqrt{\dfrac{L}{C}}$ 时，u_C 的变化处在过阻尼状态，由于电阻 R 比较大，电路中的能量被

电阻很快消耗掉，u_C 无法振荡，其变化曲线如图 2-8-2(b)所示。

当满足 $R = 2\sqrt{\dfrac{L}{C}}$ 时，u_C 的变化处在临界阻尼状态，其变化曲线如图 2-8-2(c)所示。

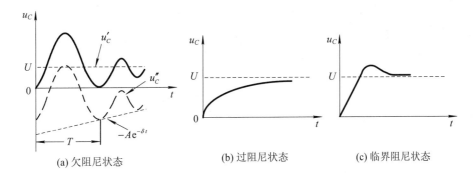

(a) 欠阻尼状态　　　　　　　　　　(b) 过阻尼状态　　　　　　　　(c) 临界阻尼状态

图 2-8-2　u_C 变化曲线

(2) 零输入响应。在图 2-8-3 电路中，开关 S 与 "1"
端闭合，电路处于稳定状态，$u_C(0)=U$，在 $t = 0$ 时开关 S 与
"2" 闭合，输入激励为零，电压方程为

$$LC\frac{\mathrm{d}^2 u_C}{\mathrm{d}t^2} + RC\frac{\mathrm{d}u_C}{\mathrm{d}t} + u_C = 0$$

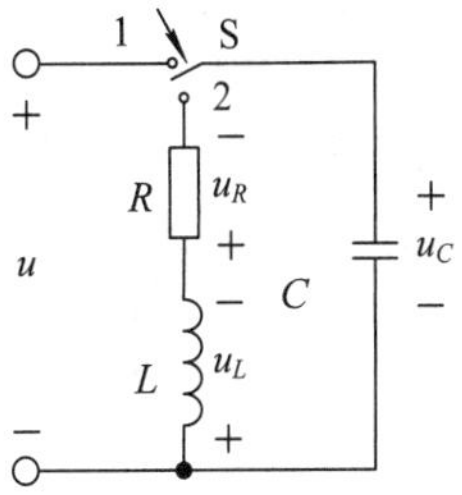

这是一个二阶常系数齐次微分方程，根据微分方程理
论，u_C 只包含暂态分量 u_C''，稳态分量 u_C' 为零。和零状态

图 2-8-3　RLC 并联电路

响应一样，根据 R 与 $2\sqrt{\dfrac{L}{C}}$ 的大小关系，u_C 的变化规律分

为衰减振荡(欠阻尼)、过阻尼和临界阻尼三种状态，它们的变化曲线与图 2-8-2 中的暂态分

量 u_C'' 类似，衰减系数、衰减时间常数、振荡频率与零状态响应完全一样。

本实验对 RLC 并联电路进行研究，激励采用方波脉冲，二阶电路在方波正、负阶跃信
号的激励下，可获得零状态与零输入响应，响应的规律与 RLC 串联电路相同。测量 u_C 衰
减振荡的参数，如图 2-8-2(a)所示，用示波器测出振荡周期 T，便可计算出振荡频率 ω，按
照衰减轨迹曲线，测量 $-0.367\,A$ 对应的时间 τ，便可计算出衰减系数 δ。

3. 实验设备

(1) 双踪示波器；

(2) 信号源(方波输出)。

4. 实验内容

实验电路如图 2-8-4 所示，其中，$R_1 = 10\,\text{k}\Omega$，$L = 15\,\text{mH}$，$C = 0.01\,\mu\text{F}$，R_2 为 $10\,\text{k}\Omega$ 电
位器(可调电阻)，信号源是输出为最大值 $U_m = 2\,\text{V}$、频率 $f = 1\,\text{kHz}$ 的方波脉冲，通过插头

接至实验电路的激励端，同时用同轴电缆将激励端和响应输出端接至双踪示波器的 Y_A 和 Y_B 两个输入口。

(1) 调节电位器 R_2，观察二阶电路的零输入响应和零状态响应由过阻尼过渡到临界阻尼，最后过渡到欠阻尼的变化过渡过程，分别定性地描绘响应的典型变化波形。

(2) 调节 R_2 使示波器荧光屏上呈现稳定的欠阻尼响应波形，定量测定此时电路的衰减常数 δ 和振荡频率 ω，并记入表 2-8-1 中。

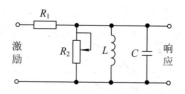

图 2-8-4　二阶电路暂态过程电路

(3) 改变电路参数，按表 2-8-1 中的数据重复步骤(2)的测量，仔细观察改变电路参数时 δ 和 ω 的变化趋势，并将数据记入表 2-8-1 中。

表 2-8-1　二阶电路暂态过程实验数据

电路参数 实验次数	元 件 参 数				测量值 δ、ω	
	$R_1/\mathrm{k\Omega}$	R_2	L/mH	C	δ	ω
1	10	调至欠阻尼状态	15	1000 pF		
2	10		15	3300 pF		
3	10		15	0.01 μF		
4	10		15	0.01 μF		

5. 实验注意事项

(1) 调节电位器 R_2 时，要细心、缓慢，临界阻尼状态要找准。

(2) 在双踪示波器上同时观察激励信号和响应信号时，显示要稳定，如不同步，则可采用外同步法触发。

6. 思考题

(1) 什么是二阶电路的零状态响应和零输入响应？它们的变化规律和哪些因素有关？

(2) 根据二阶电路实验电路元件的参数，计算处于临界阻尼状态的 R_2 的值。

(3) 在示波器荧光屏上，如何测得二阶电路零状态响应和零输入响应"欠阻尼"状态的衰减系数 δ 和振荡频率 ω？

7. 实验报告要求

(1) 根据观测结果，在方格纸上描绘二阶电路过阻尼、临界阻尼和欠阻尼的响应波形。

(2) 测算欠阻尼振荡曲线上的衰减系数 δ、衰减时间常数 τ、振荡周期 T 和振荡频率 ω。

(3) 归纳、总结电路元件参数的改变对响应变化趋势的影响。

2.9　三表法测定交流电路等效参数

1. 实验目的
(1) 学会使用交流数字仪表(电压表、电流表、功率表)和自耦调压器。
(2) 学习用交流数字仪表测量交流电路的电压、电流和功率。
(3) 学会用交流数字仪表测定交流电路参数的方法。
(4) 加深对阻抗、阻抗角及相位差等概念的理解。

2. 实验原理
正弦交流电路中各个元件的参数值，可以用交流电压表、交流电流表及功率表分别测量出元件两端的电压 U、流过该元件的电流 I 和它所消耗的功率 P，然后通过计算得到所求的各值，这种方法称为三表法，是用来测量 50 Hz 交流电路参数的基本方法。计算的基本公式如下：

电阻元件的电阻为

$$R = \frac{U_R}{I} \quad \text{或} \quad R = \frac{P}{I^2}$$

电感元件的感抗为

$$X_L = \frac{U_L}{I}$$

故电感为

$$L = \frac{X_L}{2\pi f}$$

电容元件的容抗为

$$X_C = \frac{U_C}{I}$$

故电容为

$$C = \frac{1}{2\pi f X_C}$$

串联电路复阻抗的模为

$$|Z| = \frac{U}{I}$$

故阻抗角为

$$\varphi = \arctan \frac{X}{R}$$

式中，等效电阻 $R = \dfrac{P}{I^2}$，等效电抗 $X = \sqrt{|Z|^2 - R^2}$。

　　实验中电阻元件用白炽灯(非线性电阻)；电感线圈用镇流器，由于镇流器线圈的金属导线具有一定的电阻，因而，镇流器可以由电感和电阻串联来表示；电容器一般可认为是理想的电容元件。

　　在 RLC 串联电路中，各元件电压之间存在相位差，电源电压应等于各元件电压的相量和，而不能用它们的有效值直接相加。

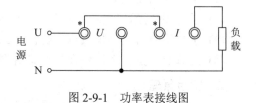

图 2-9-1　功率表接线图

　　电路功率用功率表测量，功率表(又称为瓦特表)是一种电动式仪表。其中电流线圈(具有两个电流线圈，可串联或并联，以便得到两个电流量程)与负载串联；而电压线圈与电源并联；电流线圈和电压线圈的同名端(标有*号端)必须连在一起，如图 2-9-1 所示。

3．实验设备

(1) 交流电压表、交流电流表、功率表；

(2) 自耦调压器(输出可调的交流电压)；

(3) 白炽灯为 220 V、25 W，30 W 日光灯电路中的镇流器，电容器为 4.3 μF/400 V、2.2 μF/400 V。

4．实验内容

　　实验电路如图 2-9-2 所示，功率表的连接方法见图 2-9-1，交流电源经自耦调压器调压后向负载 Z 供电。

　　(1) 白炽灯的电阻。图 2-9-2 电路中的 Z 为一个 220 V、25 W 的白炽灯，用自耦调压器调压，使 U 为 220 V(用电压表测量)，并测量电流 I 和总功率 P 及功率因数，将数据记入自拟的数据表格中。

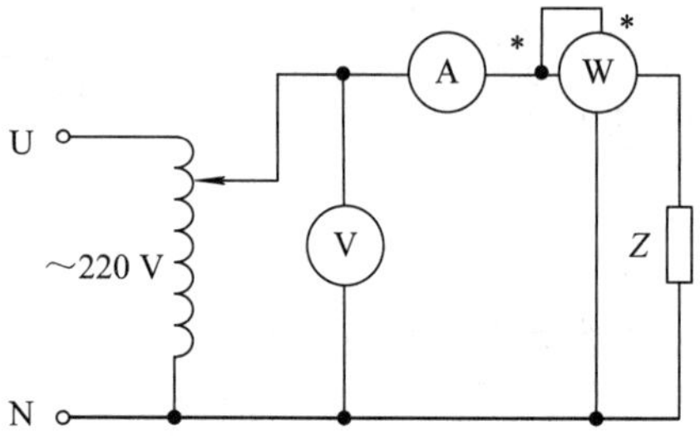

图 2-9-2　交流电路参数测定实验电路

　　将电压 U 调到 110 V，重复上述实验。

　　(2) 镇流器的等效参数。将图 2-9-2 电路中的 Z 换为镇流器，将电压 U 分别调到 180 V 和 90 V，测量电流 I 和总功率 P 及功率因数，将数据记入自拟的数据表格中。

　　(3) 电容器的容抗。将图 2-9-2 电路中的 Z 换为 4.3 μF 的电容器(改接电路时必须断开交流电源)，将电压 U 调到 220 V，测量电流 I 和总功率 P 及功率因数，将数据记入自拟的数据表格中。

　　将电容器换为 2.2 μF，重复上述实验。

　　(4) 串、并联电路的等效参数。

　　设计两个元件串、并联电路，即用白炽灯与电容器的串、并联，电容器与镇流器的串、并联分别取代图 2-9-2 电路中的 Z，将电压 U 调到 150 V，测量电压 U、电流 I 和总功率 P 及功率因数；设计三个元件串、并联电路，将电压 U 调到 120 V，测量电压 U、电流 I 和总功率 P 及功率因数，将数据记入自拟的数据表格中。设计三个元件混联电路(既有串联，又有并联)，将电压 U 调到 120 V，测量电压 U、电流 I 和总功率 P 及功率因数，并将数据

记入自拟的数据表格中。

5．实验注意事项

(1) 通常，功率表不能单独使用，要有电压表和电流表监测，使电压表和电流表的读数不超过功率表电压和电流的量限。

(2) 注意功率表的正确接线，上电前必须认真检查。

(3) 自耦调压器在接通电源前，应将其手柄置在零位；调节时，使其输出电压从零开始逐渐升高。每次改接实验负载或实验完毕，都必须先将其旋柄慢慢调回零位，再断开电源。切记，必须严格遵守这一安全操作规程。

6．思考题

(1) 功率表的连接方法是怎样的？

(2) 自耦调压器的操作方法是怎样的？

7．实验报告要求

(1) 自拟实验所需的所有表格。

(2) 根据实验(1)的数据，计算白炽灯在不同电压下的电阻值。

(3) 根据实验(2)的数据，计算电容器的容抗和电容值。

(4) 根据实验(3)的数据，计算镇流器的参数(电阻 R 和电感 L)。

(5) 根据实验(4)的数据，计算相应电路的等效参数，画出有关电压相量图，并说明各个电压之间的关系。

2.10　感性负载电路及其功率因数提高的研究

1．实验目的

(1) 研究正弦稳态交流电路中电压、电流相量之间的关系。

(2) 掌握日光灯线路的接线。

(3) 理解改善电路功率因数的意义并掌握其方法。

2．实验原理

在单相正弦交流电路中，用交流电流表测得各支路中的电流值，用交流电压表测得回路各元件两端的电压值，它们之间的关系满足相量形式的基尔霍夫定律，即

$$\sum i = 0$$

和

$$\sum u = 0$$

供电系统由电源(发电机或变压器)通过输电线路向负载供电。负载通常有电阻负载，如白炽灯、电阻加热器等，也有电感性负载，如电动机、变压器、线圈等；一般情况下，这两种负载会同时存在。由于电感性负载有较大的感抗，因而功率因数较低。

若电源向负载传送的功率 $P=UI\cos\varphi$，当功率 P 和供电电压 U 一定时，功率因数 $\cos\varphi$

越低，线路电流 I 就越大，从而增加了线路电压降和线路功率损耗，若线路总电阻为 R_1，则线路电压降和线路功率损耗分别为 $\Delta U_1 = IR_1$ 和 $\Delta P_1 = I^2 R_1$；另外，负载的功率因数越低，表明无功功率就越大，电源就必须用较大的容量和负载电感进行能量交换，电源向负载提供有功功率的能力就必然下降，从而降低了电源容量的利用率。因而，从提高供电系统的经济效益和供电质量方面来说，必须采取措施来提高电感性负载的功率因数。

通常提高电感性负载功率因数的方法是在负载两端并联适当数量的电容器，使负载的总无功功率 $Q = Q_L - Q_C$ 减小，在传送的有功率功率 P 不变时，使得功率因数提高，线路电流减小。当并联电容器的 $Q_C = Q_L$ 时，总无功功率 $Q = 0$，此时功率因数 $\cos\varphi = 1$，线路电流 I 最小。若继续并联电容器，将导致功率因数下降，线路电流增大，这种现象称为过补偿。

负载功率因数可以用三表法测量电源电压 U、负载电流 I 和功率 P，用公式 $\lambda = \cos\varphi = \dfrac{P}{UI}$ 计算。实验中感性负载用日光灯管电路如图 2-10-1 所示来实现，功率因数的改善线路如图 2-10-2 所示，图中 A 是日光灯管，L 是镇流器，S 是启辉器，C 是补偿电容器，用以改善电路的功率因数($\cos\varphi$ 值)。

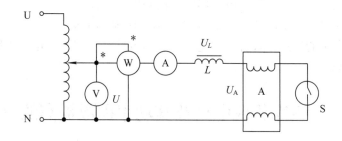

图 2-10-1　日光灯接线图

3. 实验设备

(1) 交流电压表、交流电流表、功率表、功率因数表；

(2) 交流调压电源；

(3) 30 W 的镇流器，电容器，30 W 的日光灯。

4. 实验内容

(1) 日光灯线路与测量。日光灯接线图如图 2-10-1 所示，按下闭合按钮开关，调节自耦调压器的输出，使其输出电压缓慢增大，直到日光灯管刚刚启辉点亮时，称为启辉值，并将三块表的指示值记入表 2-10-1 中，然后将电压调至 220 V，测量功率 P，电流 I 以及电压 U、U_L、U_A 等值，验证电压、电流相量关系。

表 2-10-1　日光灯线路测量的实验数据

测量数值						计算等效值
参数	P/W	I/A	U/V	U_L/V	U_A/V	$\cos\varphi$	R、L 值
观察启辉值							
正常工作值							

(2) 感性负载电路功率因数的改善。并联电容器的日光灯管电路如图 2-10-2 所示，按下绿色按钮开关，调节自耦调压器的输出至 220 V，记录功率表、电压表读数，通过一只电流表和三个电流取样插座分别测得三条支路的电流，改变电容值，范围为 0.69～7.5 μF，进行重复测量，至少测得 10 组数据，将实验数据记入表 2-10-2 中。

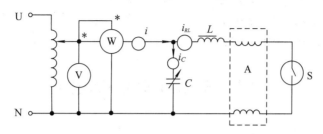

图 2-10-2　并联电容器的日光灯管电路

表 2-10-2　改善电路功率因数的实验数据

C /μF	P/W	U/V	I/A	I_C/A	I_{RL}/A	$\cos\varphi$

5．实验注意事项

(1) 功率表要正确接入电路。

(2) 线路接线正确，日光灯不能启辉时，应检查启辉器及其接触是否良好。

6．思考题

(1) 一般的负载为什么功率因数较低？负载较低的功率因数对供电系统有何影响？为什么？

(2) 日光灯的启辉原理是什么？

(3) 在日常生活中，当日光灯上缺少了启辉器时，人们常用一导线将启辉器的两端短接一下，然后迅速断开，使日光灯点亮，或用一只启辉器点亮多只同类型的日光灯，为什么？

(4) 为了提高电路的功率因数，常在感性负载上并联电容器，此时增加了一条电流支路，试问：电路的总电流是增大还是减小了？此时感性元件上的电流和功率是否改变？

(5) 提高线路功率因数为什么只采用并联电容器法，而不用串联法？所并电容器是否越大越好？

7．实验报告要求

(1) 完成数据表格中的计算，进行必要的误差分析。

(2) 根据实验数据，分别绘出电压、电流相量图，验证相量形式的基尔霍夫定律。

(3) 讨论改善电路功率因数的意义和方法。

2.11　RLC 串联谐振电路

1．实验目的

(1) 加深理解电路发生谐振的条件、特点，掌握电路品质因数(电路 Q 值)通频带的物理意义及其测定方法。

(2) 学习用实验方法绘制 RLC 串联电路不同 Q 值下的幅频特性曲线。

(3) 熟练使用信号源、频率计和交流毫伏表。

2．实验原理

RLC 串联电路如图 2-11-1 所示，电路复阻抗

$Z = R + \mathrm{j}(\omega L - \dfrac{1}{\omega C})$，当 $\omega L = \dfrac{1}{\omega C}$ 时，$Z = R$，$\dot{U}$ 与 $\dot{I}$ 同相，

电路发生串联谐振，谐振角频率 $\omega_0 = \dfrac{1}{\sqrt{LC}}$，谐振频率

$f_0 = \dfrac{1}{2\pi\sqrt{LC}}$。

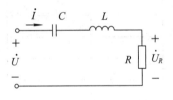

图 2-11-1　RLC 串联电路

在图 2-11-1 所示电路中，若 $\dot{U}$ 为激励信号，$\dot{U}_R$ 为响应信号，其幅频特性曲线如图 2-11-2 所示，在 $f = f_0$ 时，$A = 1$，$U_R = U$；$f \neq f_0$ 时，$U_R < U$，呈带通特性。$A = 0.707$，即 $U_R = 0.707U$ 所对应的两个频率 f_L 和 f_H 为下限频率和上限频率，$f_H - f_L$ 为通频带。通频带的宽窄与电阻 R 有关，不同电阻值的幅频特性曲线如图 2-11-3 所示。

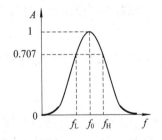

图 2-11-2　RLC 串联电路幅频特性曲线

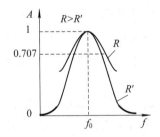

图 2-11-3　不同电阻值的幅频特性曲线

电路发生串联谐振时，$U_R = U$，$U_L = U_C = QU$，Q 称为品质因数，与电路的参数 R、L、C 有关。Q 值越大，幅频特性曲线越尖锐，通频带越窄，电路的选择性越好；在恒压源供

电时，电路的品质因数、选择性与通频带只决定于电路本身的参数，而与信号源无关。在本实验中，用交流毫伏表测量不同频率下的电压 U、U_R、U_L、U_C，绘制 RLC 串联电路的幅频特性曲线，并根据 $\Delta f = f_H - f_L$ 计算通频带；根据 $Q = \dfrac{U_L}{U} = \dfrac{U_C}{U}$ 或 $Q = \dfrac{f_0}{f_H - f_L}$，计算出品质因数。

3. 实验设备

(1) 信号源(含频率计)；

(2) 交流毫伏表。

4. 实验内容

(1) RLC 串联谐振电路如图 2-11-4 所示，用交流毫伏表测电压，用示波器监视信号源输出，令其输出幅值等于 1 V，并保持不变。

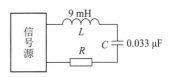

图 2-11-4　RLC 串联谐振电路

(2) 找谐振频率 f_0 的方法是，将毫伏表接在 R=51 Ω 两端，令信号源的频率由小逐渐变大(注意要维持信号源的输出幅度不变)，当 U_R 的读数为最大时，读得频率计上的频率值即电路的谐振频率 f_0，并测量 U_C 与 U_L 之值 (注意及时更换毫伏表的量限)。

(3) 在谐振点两侧，按频率递增或递减 500 Hz 或 1 kHz，依次各取 8 个测量点，逐点测出 U_R、U_L、U_C 之值，将实验数据记入表 2-11-1 中。

表 2-11-1　幅频特性实验数据一

f/kHz									
U_R/V									
U_L/V									
U_C/V									

(4) 改变电阻值，使 R = 100 Ω，重复步骤(2)、(3)的测量过程，将实验数据记入表 2-11-2 中。

表 2-11-2　幅频特性实验数据二

f/kHz									
U_R/V									
U_L/V									
U_C/V									

5. 实验注意事项

(1) 测试频率点应选择在靠近谐振频率附近，并多取几点；在改变频率时，应调整信号输出电压，使其维持在 1 V。

(2) 在测量 U_L 和 U_C 数值前，应将毫伏表的量限调高约十倍，而且在测量 U_L 和 U_C 时毫伏表的"+"端接电感与电容的公共点。

6. 思考题

(1) 根据元件参数值，估算电路的谐振频率。

(2) 改变电路的哪些参数，可以使电路发生谐振？电路中 R 的数值是否影响谐振频率？

(3) 如何判别电路是否发生谐振？测试谐振点的方案有哪些？

(4) 电路发生串联谐振时，为什么输入电压 U 不能太大？如果信号源给出 1V 的电压，电路谐振时，用交流毫伏表测 U_L 和 U_C，应该选择多大的量限？为什么？

(5) 要提高 RLC 串联电路的品质因数，电路参数应如何改变？

7. 实验报告要求

(1) 电路谐振时，比较输出电压 U_R 与输入电压 U 是否相等？U_L 和 U_C 是否相等？试分析原因。

(2) 根据测量数据，绘出不同 Q 值的三条幅频特性曲线：
$$U_R = f(f), \quad U_L = f(f), \quad U_C = f(f)$$

(3) 计算出通频带与 Q 值，说明不同 R 值时对电路通频带与品质因数的影响。

(4) 对两种不同的测 Q 值的方法进行比较，分析误差原因。

(5) 总结串联谐振的特点。

2.12 互 感 电 路

1. 实验目的

(1) 学会测定互感线圈同名端、互感系数以及耦合系数的方法。

(2) 理解两个线圈相对位置的改变，以及线圈用不同导磁材料时对互感系数的影响。

2. 实验原理

一个线圈因另一个线圈中的电流变化而产生感应电动势的现象称为互感现象，这两个线圈称为互感线圈，用互感系数(简称互感)M 来衡量互感线圈的这种性能。互感的大小除了与两线圈的几何尺寸、形状、匝数及导磁材料的导磁性能有关外，还与两线圈的相对位置有关。

(1) 判断互感线圈同名端的方法。

① 直流法。直流法实验原理如图 2-12-1 所示，当开关 S 闭合瞬间，若毫安表的指针正偏，则可断定"1""3"为同名端；指针反偏，则"1""4"为同名端。

② 交流法。交流法实验原理如图 2-12-2 所示，将两个绕组 N_1 和 N_2 的任意两端(如 2、4 端)连在一起，在其中的一个绕组(如 N_1)两端加一个低电压，用交流电压表分别测出端电压 U_{13}、U_{12} 和 U_{34}，若 U_{13} 是两个绕组端电压之差，则 1、3 是同名端；若 U_{13} 是两个绕组端电压之和，则 1、4 是同名端。

(2) 两线圈互感系数 M 的测定。在图 2-12-2 所示电路中，互感线圈的 N_1 侧施加低压交流电压 U_1，测出 I_1 及 U_2。根据互感电势 $E_{2M} \approx U_{20} = \omega M I_1$，可算得互感系数为

$$M = \frac{U_2}{\omega I_1}$$

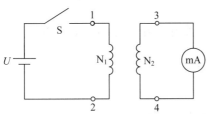

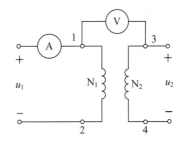

图 2-12-1　直流法实验原理图　　　　图 2-12-2　交流法实验原理图

(3) 耦合系数 K 的测定。两个互感线圈耦合松紧的程度可用耦合系数 K 来表示：

$$K = \frac{M}{\sqrt{L_1 L_2}}$$

式中，L_1 为 N_1 线圈的自感系数；L_2 为 N_2 线圈的自感系数。

K 的测定方法如下：先在 N_1 侧加低压交流电压 U_1，测出 N_2 侧开路时的电流 I_1；然后在 N_2 侧加电压 U_2，测出 N_1 侧开路时的电流 I_2，根据自感电势 $E_L \approx U = \omega L I$，可分别求出自感系数 L_1 和 L_2。当已知互感系数 M 时，便可算得 K 值。

3．实验设备

(1) 直流数字电压表、毫安表；

(2) 交流数字电压表、电流表；

(3) 互感线圈、铁、铝棒；

(4) 200 Ω/2 A 的滑线变阻器。

4．实验内容

(1) 测定互感线圈的同名端。

① 直流法。直流法实验电路如图 2-12-3 所示，将线圈 N_1、N_2 同心式套在一起，并放入铁芯。U_1 为可调直流稳压电源，将其调至 6 V，然后改变可变电阻器 R(由大到小地调节)，使流过 N_1 侧的电流不超过 0.4 A(选用 5 A 量程的数字电流表)，在 N_2 侧直接接入 2 mA 量程的毫安表。将铁芯迅速地抽出和插入，观察毫安表正、负读数的变化，判定 N_1 和 N_2 两个线圈的同名端。

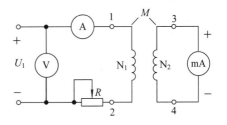

图 2-12-3　直流法实验电路

② 交流法。交流法实验电路如图 2-12-4 所示，将小线圈 N_2 套在线圈 N_1 中。N_1 串接电流表(选 0～5 A 的量程)后接至自耦调压器的输出端，并在两线圈中插入铁芯。接通电源前，应首先检查自耦调压器是否调至零位，确认后方可接通交流电源，令自耦调压器输出一个很低的电压(约 2 V 左右)，使流过电流表的电流小于 1.5 A，然后用 0～20 V 量程的交流电压表测量

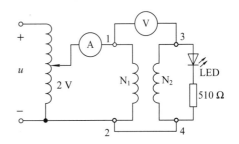

图 2-12-4　交流法实验电路

U_{13}、U_{12} 和 U_{34}，判定同名端。拆去 2、4 连线，并将 2、3 相接，重复上述步骤，判定同名端。

(2) 测定两线圈的互感系数 M。在图 2-12-4 所示电路中，互感线圈的 N_2 开路，N_1 侧施加 2 V 左右的交流电压 U_1，测出并记录 U_1、I_1、U_2。

(3) 测定两线圈的耦合系数 K。在图 2-12-4 所示电路中，N_1 开路，互感线圈的 N_2 侧施加 2 V 左右的交流电压 U_2，测出并记录 U_2、I_2、U_1。

(4) 研究影响互感系数大小的因素。在图 2-12-4 所示电路中，线圈 N_1 侧加 2 V 左右交流电压，N_2 侧接入 LED 发光二极管与 510 Ω 串联的支路。

① 将铁芯慢慢地从两线圈中拔出和插入，观察 LED 亮度及各电表读数的变化，并记录变化现象。

② 改变两线圈的相对位置，观察 LED 亮度及各电表读数的变化，并记录变化现象。

③ 改用铝棒替代铁棒，重复步骤①、②，观察 LED 亮度及各电表读数的变化，记录变化现象。

5. 实验注意事项

(1) 整个实验过程中，注意流过线圈 N_1 的电流不得超过 1.5 A，流过线圈 N_2 的电流不得超过 1 A。

(2) 测定同名端及其他测量数据的实验中，都应将小线圈 N_2 套在大线圈 N_1 中，并行插入铁芯。

(3) 如实验室有 200 Ω、2 A 的滑线变阻器或大功率负载，则可接在交流实验时的 N_1 侧。

(4) 实验前，首先要检查自耦调压器，保证手柄置在零位；因实验时所加的电压只有 2～3 V。因此调节时要特别仔细、小心，要随时观察电流表的读数，不得超过规定值。

6. 思考题

(1) 什么是自感？什么是互感？在实验室中如何测定？

(2) 如何判断两个互感线圈的同名端？若已知线圈的自感和互感，两个互感线圈相串联的总电感与同名端有何关系？

(3) 互感的大小与哪些因素有关？各个因素如何影响互感的大小？

7. 实验报告要求

(1) 根据实验内容(1)的现象，总结测定互感线圈同名端的方法。

(2) 根据实验内容(2)的数据，计算互感系数 M。

(3) 根据实验内容(2)、(3)的数据，计算耦合系数 K。

2.13　单相电度表

1. 实验目的

(1) 了解电度表的工作原理，掌握电度表的接线和使用。

(2) 学会测定电度表技术参数和校验的方法。

2．实验原理

电度表是一种感应式仪表，是根据交变磁场在金属中产生感应电流，从而产生转矩的基本原理而工作的仪表。它主要用于测量交流电路中的电能。

(1) 电度表的结构和原理。

电度表主要由驱动装置、转动铝盘、制动永久磁铁和指示器等部分组成。

驱动装置和转动铝盘：驱动装置有电压铁芯线圈和电流铁芯线圈，在空间上、下排列，中间隔以铝制的圆盘。驱动两个铁芯线圈的交流电，建立合成的交变磁场，交变磁场穿过铝盘，在铝盘上产生感应电流，该电流与磁场相互作用，产生转动力矩，驱使铝盘转动。

制动永久磁铁：铝盘上方装有一个永久磁铁，其作用是对转动的铝盘产生制动力矩，使铝盘转速与负载功率成正比。因此，在某一测量时间内，负载所消耗的电能 W 就与铝盘的转数 n 成正比。

指示器：电度表的指示器不能像其他指示仪表的指针一样停留在某一位置，而应能随着电能的不断增大(也就是随着时间的延续)而连续地转动，这样才能随时反映出电能积累的数值。因此，它是将转动铝盘通过齿轮传动机构折换为被测电能的数值，由一系列齿轮上的数字直接指示出来的。

(2) 电度表技术指标。

① 电度表常数：铝盘的转数 n 与负载消耗的电能 W 成正比，即

$$N = \frac{n}{W}$$

比例系数 N 称为电度表常数，常在电度表上标明，其单位是转/千瓦小时。

② 电度表灵敏度：在额定电压、额定频率及 $\cos\varphi=1$ 的条件下，负载电流从零开始增大，测出铝盘开始转动的最小电流值 $I_{\min}$，则仪表的灵敏度表示为

$$S = \frac{I_{\min}}{I_N} \times 100\%$$

式中，I_N 为电度表的额定电流。

③ 电度表的潜动：当负载等于零时，电度表仍出现缓慢转动的情况，这种现象称为潜动。按照规定，无负载电流的情况下，外加电压为电度表额定电压的110%(达 242 V)时，观察铝盘的转动是否超过一周；凡超过一周者，判为潜动不合格的电度表。

实验使用 220 V、5 A(10 A)的电度表，电度表接线如图 2-13-1 所示，"黄""绿"两端为电流线圈，"黄""蓝"两端为电压线圈。

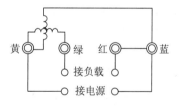

图 2-13-1　电度表接线图

3．实验设备

(1) 交流电压表、电流表和功率表；

(2) 三相调压器(输出可调交流电压)；

(3) 电度表；

(4) 秒表。

4．实验内容

(1) 记录被校验电度表的额定数据和技术指标：额定电流 I_N，额定电压 U_N，电度表常数 N。

(2) 用功率表、秒表法校验电度表常数。电度表常数实验电路如图 2-13-2 所示，电度表的接线与功率表相同，其电流线圈与负载串联，电压线圈与负载并联。线路经指导教师检查后，接通电源，将调压器的输出电压调到 220 V，按表 2-13-1 的要求接通灯组负载，用秒表定时记录电度表铝盘的转数，并记录各表的读数。为了数圈数的准确起见，可将电度表铝盘上的一小段红色标记刚出现(或刚结束)时作为秒表计时的开始。此外，为了能记录整数转数，可先预定好转数，待电度表铝盘刚转完此转数时，作为秒表测定时间的终点，将所有数据记入表 2-13-1 中。

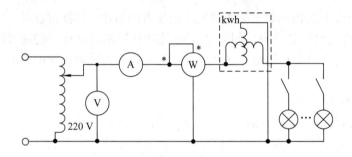

图 2-13-2　电度表常数实验电路

表 2-13-1　校验电度表准确度数据

负载情况(25 W 白炽灯个数)	测　量　值					计　算　值			
	U /V	I /A	P /W	时间 /s	转数 n	实测电能 W/kWh	计算电能 W/kWh	误差 Δ	电度表常数 N
6									
8									

(3) 查灵敏度。电度表铝盘刚开始转动时的电流往往很小，通常只有 $0.5\%I_N$，故将图 2-13-2 中的灯组负载拆除，用三个电阻(一个 10 kΩ/3 W 电位器，一个 5.1 kΩ/8 W 和一个 10 kΩ/8 W 电阻)相串联作为负载，调节 10 kΩ/3 W 电位器，记下电度表铝盘刚开始转动时的最小电流值 I_{min}，然后通过计算求出电度表的灵敏度。

(4) 检查电度表潜动是否合格。切断负载，即断开电度表的电流线圈回路，调节调压器的输出电压为额定电压的 110%(即 242 V)，仔细观察电度表的铝盘有否转动，一般允许有缓慢的转动，但应在不超过一转的任一点上停止，这样，电度表的潜动为合格，反之则不合格。

5．实验注意事项

(1) 记录时，同组同学要密切配合，秒表定时，读取转数步调要一致，以确保测量的准确性。

(2) 注意功率表和电度表的接线。

6．思考题

(1) 简述电度表的结构、工作原理和接线方法。

(2) 电度表有哪些技术指标？如何测定？

7．实验报告要求

(1) 整理实验数据，计算出电度表的各项技术指标。

(2) 对被校电度表的各项技术指标作出评价。

2.14　三相电路电压、电流及功率的测量

1．实验目的

(1) 掌握三相负载 Y、△形连接的方法，验证这两种接法的线、相电压，线、相电流之间的关系。

(2) 充分理解三相四线供电系统中中线的作用。

(3) 掌握三相有功功率测量的方法。

2．预习要求

预习所需仪表的接线及使用方法。

3．实验原理

(1) 三相电路电压和电流的测量。电源用三相四线制向负载供电，三相负载(用白炽灯代替)可接成星形(又称 Y 形)或三角形(又称△形)。

当三相对称负载作 Y 形连接时，线电压 U_L 是相电压 U_P 的 $\sqrt{3}$ 倍，线电流 I_L 等于相电流 I_P，即 $U_L = \sqrt{3}U_P$，$I_L = I_P$，流过中线的电流 $I_N = 0$；作△形连接时，线电压 U_L 等于相电压 U_P，线电流 I_L 是相电流 I_P 的 $\sqrt{3}$ 倍，即 $I_L = \sqrt{3}I_P$，$U_L = U_P$。

当不对称三相负载作 Y 形连接时，必须采用 Y_0 形接法，中线必须牢固连接，以保证三相不对称负载的每相电压等于电源的相电压(三相对称电压)。若中线断开，会导致三相负载电压的不对称，致使负载轻的那一相的相电压过高，使负载遭受损坏，负载重的一相的相电压又过低，使负载不能正常工作；对于不对称负载作△形连接时，$I_L \neq \sqrt{3}I_P$，但只要电源的线电压 U_L 对称，加在三相负载上的电压仍是对称的，对各相负载工作没有影响。

本实验中，用三相调压器调压输出作为三相交流电源，线电流、相电流、中线电流用电流插头和插座测量。

(2) 三相电路功率的测量。

① 三相四线制供电。三相四线制供电系统中，对于三相不对称负载，用三个单相功率表测量，如图 2-14-1 所示，三个单相功率表的读数分别为 W_1、W_2、W_3，则三相功率为

$$P = W_1 + W_2 + W_3$$

这种测量方法称为三瓦特表法；对于三相对称负载，用一个单相功率表测量即可，若功率表的读数为 W，则三相功率为

$$P = 3W$$

这种测量方法称为一瓦特表法。

② 三相三线制供电。三相三线制供电系统中，不论三相负载是否对称，也不论负载是 Y 形连接还是△形连接，都可用二瓦特表法测量三相负载的有功功率。测量三相负载的有功功率电路如图 2-14-2 所示，若两个功率表的读数为 W_1、W_2，则三相功率为

$$P = W_1 + W_2 = U_L I_L \cos(30° - \varphi) + U_L I_L \cos(30° + \varphi)$$

其中，φ 为负载的阻抗角(即功率因数角)。

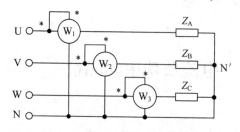

图 2-14-1　三相四线制功率测量原理图

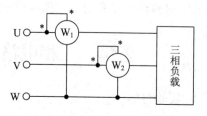

图 2-14-2　三相三线制功率测量原理图

两个功率表的读数与 φ 有下列关系：

(a) 当负载为纯电阻时，$\cos\varphi = 0$，$W_1 = W_2$，即两个功率表读数相等。

(b) 当负载功率因数 $\cos\varphi = 0.5$，$\varphi = ±60°$ 时，将有一个功率表的读数为零。

(c) 当负载功率因数 $\cos\varphi < 0.5$，$|\varphi| > 60°$ 时，则有一个功率表的读数为负值，该功率表指针将反方向偏转；这时应将功率表电流线圈的两个端子调换(不能调换电压线圈端子)，而读数应记为负值。对于数字式功率表将出现负读数。

③ 三相对称负载无功功率的测量。对于三相三线制供电的三相对称负载，可用一瓦特表法测得三相负载的总无功功率 Q，测试电路如图 2-14-3 所示。功率表读数 $Q = U_L I_L \sin\varphi$，其中 φ 为负载的阻抗角，则三相负载的无功功率

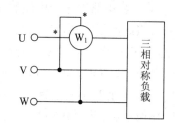

$$Q_{总} = \sqrt{3} Q$$

图 2-14-3　三相对称负载无功功率测量原理图

4. 实验设备

(1) 三相交流电源(三相调压器调压输出)；

(2) 交流电压表、电流表、功率表；

(3) 三相负载(用白炽灯代替)。

5. 实验内容

(1) 设计三相交流负载(三相负载用白炽灯代替)为 Y(三相三线制)、Y_0(三相四线制)形接法的电路，并选择所需仪表设备。测量三相电路的各线、相电压，电流和有功功率，并测量 Y_0 形连接时的中线电流及 Y 形连接时的中性点电压。可采用二瓦特表法和三瓦特表法测量，掌握仪表外接、一表多测的实验方法。

(2) 设计三相交流负载△形接法的电路，测量三相电路的各线、相电流，电压和有功功率，可采用二瓦特表法测量。注意两种方法(二瓦特表法和三瓦特表法)的适用范围。

(3) 选做。当为三相三线交流对称负载(容性和感性)时，用单相有功功率表采用三表跨相法测量三相无功功率。

6. 实验注意事项

(1) 用三相调压器调压输出作为三相交流电源，具体操作如下：将三相调压器的旋钮置于三相电压输出为 0 V 的位置(即逆时针旋到底的位置)，然后旋转旋钮，调节调压器的输出，Y\Y₀ 形接法电源线电压为 380 V，△形接法电源线电压为 220 V。

(2) 每次接线完毕，自查一遍，由指导教师检查后，方可接通电源，必须严格遵守"先接线、后通电""先断电、后拆线"的实验操作原则。

(3) 注意三相负载星形或三角形连接时，三相电压之间、三相电流之间的区别。

(4) 测量、记录各电压、电流时，注意分清它们是哪一相、哪一线。

(5) 每次实验完毕，均需将三相调压器旋钮调回零位，如改变接线，均需断开三相电源，以确保人身安全。

7. 思考题

(1) 三相负载按星形或三角形连接，它们的线电压与相电压、线电流与相电流有何关系？当三相负载对称时又有何关系？

(2) 为什么有的实验需将三相电源线电压调到 380 V，而有的实验要调到 220 V？

(3) 测量功率时为什么在线路中通常都接有电流表和电压表？

(4) 在三相四线制供电系统中的中线上能安装保险丝吗？为什么？

8. 实验报告要求

(1) 画出实验电路图，自拟实验数据表格。

(2) 根据实验数据，在负载为星形连接时，分析 $U_L = \sqrt{3}U_P$ 成立的条件；在三角形连接时，分析 $I_L = \sqrt{3}I_P$ 成立的条件。

(3) 在三相四线制供电系统中，分析中性线的作用，以及负载对称时能否不接中线。

(4) 分析负载不对称时中线电流和中性点电压产生的原因。

(5) 计算三相有功功率和无功功率。

(6) "二瓦特表法"和"三瓦特表法"各适用的接线形式。

(7) 测量无功功率时，功率表接线应注意的事项。

2.15　直流他励电动机

1. 实验目的

(1) 掌握用实验方法测取直流他励电动机的工作特性和机械特性的方法。

(2) 掌握直流他励电动机的调速方法。

2. 预习要求

(1) 预习直流电动机的工作特性和机械特性。

(2) 预习直流电动机的调速原理。

3. 实验项目

(1) 工作特性和机械特性：保持 $U=U_N$ 和 $I_f=I_{fN}$ 不变，测取 n、T_2、$\eta=f(I_a)$ 及 $n=f(T_2)$。

(2) 调速特性：

① 改变电枢电压调速：保持 $U=U_N$，$I_f=I_{fN}=$常数，$T_2=$常数，测取 $n=f(U_a)$。

② 改变励磁电流调速：保持 $U=U_N$，$T_2=$常数，$R_1=0$，测取 $n=f(I_f)$。

4．实验设备

(1) 电机导轨及测功机；

(2) 直流电机励磁电源、可调直流稳压电源(含直流电压表、电枢电流表、励磁电流表)；

(3) 直流他励电动机 M03。

5．实验内容

实验线路如图 2-15-1 所示，图中 U_1 为可调直流稳压电源，U_2 为直流电机励磁电源，R_1 为电枢调节电阻，R_f 为磁场调节电阻。

(1) 直流他励电动机的起动。将 R_1 顺时针调至最大，R_f 顺时针调至最小，电压表 V_1 量程为 300 V 挡，检查涡流测功机与 MEL-13 是否相连；将 MEL-13 "转速控制/转矩控制" 选择开关扳向 "转矩控制"，"转矩设定" 电位器逆时针旋到底，打开直流电机励磁电源和可调直流稳压电源的船形开关，再按下可调直流稳压电源的复位

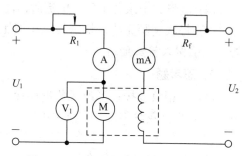

图 2-15-1　直流他励电动机实验接线图

按钮，起动直流电机，并调整电机的旋转方向，使电机正转(转速显示为正值)。

(2) 直流他励电动机的机械特性和工作特性。

① 按上述方法起动直流他励电动机后，将电枢电阻 R_1 调至零，调节直流可调稳压电源的输出至 220 V，再分别调节 "转矩设定" 电位器和磁场调节电阻 R_f，使电动机达到额定值：$U=U_N=220$ V，$I_a=I_N=1.1$ A，$n=n_N=1600$ r/min，此时直流他励电动机的励磁电流 $I_f=I_{fN}$(额定励磁电流)，并记录于表 2-15-1 中。

② 保持 $U=U_N$，$I_f=I_{fN}$ 不变的条件下，逐次减小电动机的负载，即逆时针调节 "转矩设定" 电位器，测取电动机电枢电流 I_a、转速 n 和转矩 T_2 值，测取 7～8 组数据，填入表 2-15-1 中。

表 2-15-1　机 械 特 性

$$U=U_N=220 \text{ V}, \quad I_f=I_{fN}=\underline{\qquad}\text{mA}, \quad R_a=\underline{\qquad}\Omega$$

实验数据	I_a/A								
	n/(r/min)								
	T_2/N·m								
计算数据	P_2/W								
	P_1/W								
	η/(%)								
	Δn/(%)								

(3) 调速特性。

① 改变电枢端电压的调速。

(a) 按上述方法，电动机正常起动后，将电阻 R_1 调至零，并同时调节直流稳压电源、

"转矩设定"电位器(即调节负载)和磁场调节电阻 R_f，使 $U = U_N$，$I_a = 0.5I_N$，$I_f = I_{fN}$，记录此时的 I_{fN}、T_2 于表 2-15-1 中。

(b) 保持 T_2 和 $I_f = I_{fN}$ 不变，逐次增加 R_1 的阻值，即降低电枢两端的电压 U_a，R_1 从零调至最大值，每次测取电动机端电压 U_a、转速 n 和电枢电流 I_a，测取 7～8 组数据，填入表 2-15-2 中。

表 2-15-2　改变电枢端电压的调速特性

$I_f = I_{fN} = $ 　　 mA，$T_2 = $ 　　 N·m

U_a/V							
n/(r/min)							
I_a/A							

② 改变励磁电流的调速。

(a) 按上述方法，电动机正常起动后，将电枢调节电阻 R_1 和磁场调节电阻 R_f 调至零，调节可调直流电源的输出为 220 V，调节"转矩设定"电位器，使电动机的 $U = U_N$，$I_a = 0.5I_N$，并记录此时的 T_2。

(b) 保持 T_2 和 $U = U_N$ 不变，逐次增加磁场电阻 R_f 阻值，直至 $n = 1.3n_N$，每次测取电动机的 n、I_f 和 I_a，取 7～8 组数据填入表 2-15-3 中。

表 2-15-3　改变励磁电流的调速特性

$U = U_N = 220$ V，$T_2 = $ 　　 N·m

I_f/mA							
n/(r/min)							
I_a/A							

(4) 电动机的停机。

① 将 R_f 顺时针调至最小，R_1 顺时针调至最大。

② "转矩设定"电位器逆时针旋到底。

③ 先断开可调直流稳压电源的船形开关，再断开直流电动机励磁电源的船形开关，最后断开总电源。

6. 注意事项

(1) 直流他励电动机起动时，须将励磁回路串联的电阻 R_f 调到最小，先接通励磁电源，使励磁电流最大，同时必须将电枢串联起动电阻 R_1 调至最大，然后方可接通电源，使电动机正常起动，起动后，将起动电阻 R_1 调至最小，使电动机正常工作。

(2) 直流他励电动机停机时，必须先切断电枢电源，然后断开励磁电源。同时，必须将电枢串联电阻 R_1 调回最大值，励磁回路串联的电阻 R_f 调到最小值，为下次起动作好准备。

(3) 测量前注意仪表的量程及极性、接法。

7. 思考题

(1) 直流他励电动机的转速特性 $n = f(I_a)$ 为什么是略微下降？是否会出现上翘现象？为

什么？上翘的转速特性对电动机运行有何影响？

(2) 当电动机的负载转矩和励磁电流不变时，减小电枢端电压，为什么会引起电动机转速降低？

(3) 当电动机的负载转矩和电枢端电压不变时，减小励磁电流会引起转速的升高，为什么？

(4) 直流他励电动机在负载运行中，当磁场回路断线时是否一定会出现"飞速"？为什么？

8. 实验报告要求

(1) 由表 2-15-1 计算出 P_2 和 η，并绘出 n、T_2、$\eta = f(I_a)$ 及 $n = f(T_2)$ 的特性曲线。

电动机输出功率为

$$P_2 = 0.105 n\, T_2$$

电动机输入功率为

$$P_1 = UI$$

电动机效率为

$$\eta = \frac{P_2}{P_1} \times 100\%$$

由工作特性求出转速变化率：

$$\Delta n = \frac{n_0 - n_N}{n_N} \times 100\%$$

(2) 绘出直流他励电动机调速特性曲线 $n = f(U_a)$ 和 $n = f(I_f)$，分析在恒转矩负载时两种调速的电枢电流变化规律以及两种调速方法的优、缺点。

2.16　单相变压器

1. 实验目的

(1) 通过空载和短路实验测定变压器的变比和参数。

(2) 通过负载实验测取变压器的运行特性。

2. 预习要求

(1) 预习变压器的空载和短路实验的特点。实验中将电源电压较合适地加于一方。

(2) 预习在空载和短路实验中，使测量误差最小的各种仪表的连接方法。

(3) 预习用实验方法测定变压器的铁耗及铜耗。

3. 实验项目

(1) 空载实验：测取空载特性 $U_0 = f(I_0)$，$P_0 = f(U_0)$。

(2) 短路实验：测取短路特性 $U_K = f(I_K)$，$P_K = f(I_K)$。

4．实验设备

(1) MEL 系列电机教学实验台主控制屏(含交流电压表、交流电流表)；

(2) 功率及功率因数表；

(3) 三相组式变压器或单相变压器。

5．实验内容

(1) 空载实验。实验线路如图 2-16-1 所示。变压器 T 选用单相变压器，其额定容量为 $P_N = 77$ W，$U_{1N}/U_{2N} = 220$ V/55 V，$I_{1N}/I_{2N} = 0.35$ A/1.4 A。实验时，空载变压器时低压线圈 2U1、2U2 接电源，高压线圈 1U1、1U2 开路。

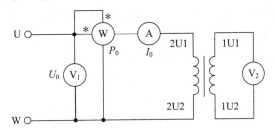

图 2-16-1　变压器空载实验接线图

① 在三相交流电源断电的条件下，将调压器旋钮逆时针方向旋转到底，并合理选择各仪表量程。

② 合上交流电源总开关，即按下绿色"闭合"开关，顺时针调节调压器旋钮，使变压器空载电压 $U_0 = 1.2U_N$。

③ 逐次降低电源电压(调节电源调压器)，在 $(1.2 \sim 0.5)U_N$ 的范围内，测取变压器的 U_0、I_0、P_0，记录于表 2-16-1 中。其中 $U = U_N = 55$ V 的点必须测量，并在该点附近测量的点应密些。为了计算变压器的变比，测取原边电压 U_0 的同时测取副边电压 $U_{1U1.1U2}$。

表 2-16-1　空 载 实 验

序　号	实　验　数　据				计算数据
	U_0/V	I_0/A	P_0/W	$U_{1U1.1U2}$	$\cos\varphi_0$
1					
2					
3					
4					
5					
6					

④ 测量数据以后，务必将电源调压器调至零位，并断开三相电源，以便为下次实验作好准备。

(2) 短路实验。实验线路如图 2-16-2 所示。(改接线路时，要关断电源)

实验时，变压器 T 的高压线圈接电源，低压线圈直接短路。

① 断开三相交流电源，将电源调压器旋钮逆时针方向旋转到底，即使输出电压为零。

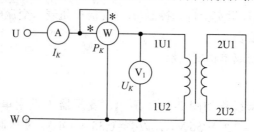

图 2-16-2　变压器短路实验接线图

② 合上交流电源绿色"闭合"开关，接通交流电源，逐次增加输入电压，直到短路电流等于 $1.1I_N$ 为止。在 $(0.5\sim1.1)I_N$ 范围内测取变压器的 U_K、I_K、P_K，其中 $I = I_K = 0.35$ A 的点必须测量，并记录实验时周围环境温度(℃)。记录数据于表 2-16-2 中。

表 2-16-2　短　路　实　验

室温 $\theta =$ 　　　℃

序　号	实　验　数　据			计算数据
	I_K/A	U_K/V	P_K/W	$\cos\varphi_K$
1				
2				
3				
4				
5				
6				

6. 注意事项

(1) 在变压器实验中，应注意电压表、电流表、功率表的合理布置。

(2) 短路实验操作要快，否则线圈发热会引起电阻变化。

7. 实验报告要求

(1) 计算变比。由空载实验测取变压器的原、副边电压的三组数据，分别计算出变比，然后取其平均值作为变压器的变比 K。

(2) 绘出空载特性曲线并计算激磁参数。

① 绘出空载特性曲线 $U_0=f(I_0)$，$P_0=f(U_0)$，$\cos\varphi_0=f(U_0)$。式中，

$$\cos\varphi_0 = \frac{P_0}{U_0 I_0}$$

② 计算激磁参数。由空载实验 $U_0 = U_N$ 时的 I_0 和 P_0 值，计算激磁参数：

$$r_m = \frac{P_0}{I_0^2},\quad Z_m = \frac{U_0}{I_0},\quad X_m = \sqrt{Z_m^2 - r_m^2}$$

(3) 绘出短路特性曲线并计算短路参数。

① 绘出短路特性曲线 $U_K = f(I_K)$，$P_K = f(I_K)$，$\cos\varphi_K = f(I_K)$。

② 计算短路参数。由短路实验 $I_K = I_N$ 时的 U_K 和 P_K 值，计算出实验环境温度为 $\theta(℃)$ 时的短路参数：

$$Z'_K = \frac{U_K}{I_K}, \qquad r'_K = \frac{P_K}{I_K}, \qquad X'_K = \sqrt{Z'^2_K - r'^2_K}$$

折算到低压方：

$$Z_K = \frac{Z'_K}{K^2}, \qquad r_K = \frac{r'_K}{K^2}, \qquad X_K = \frac{X'_K}{K^2}$$

由于短路电阻 r_K 随温度而变化，因此，算出的短路电阻应按国家标准换算到基准工作温度 75℃时的阻值：

$$r_{K75℃} = r_{K\theta}\frac{234.5 + 75}{234.5 + \theta}, \qquad Z_{K75℃} = \sqrt{r_{K75℃} + X^2_K}$$

式中，234.5 为铜导线的常数，若用铝导线常数，应改为 228。

阻抗电压：

$$U_K = \frac{I_N Z_{K75℃}}{U_N} \times 100\%, \quad U_{Kr} = \frac{I_N r_{K75℃}}{U_N} \times 100\%, \quad U_{Kx} = \frac{I_N X_K}{U_N} \times 100\%$$

$I_K = I_N$ 时的短路损耗：

$$P_{KN} = I^2_N r_{K75℃}$$

(4) 利用空载和短路实验测定的参数，画出被试变压器折算到低压方的 Γ 型等效电路。

2.17 三相异步电动机的参数测定

1. 实验目的
(1) 掌握三相异步电动机的空载和堵转实验的方法。
(2) 测定三相笼型异步电动机的参数。

2. 预习要求
(1) 预习异步电动机的等效电路参数以及它们的特殊意义。
(2) 预习异步电动机参数的测定方法。

3. 实验设备
(1) MEL 系列电机教学实验台主控制屏；
(2) 交流功率及功率因数表；
(3) 直流电压、毫安表；
(4) 三相可调电阻器，900 Ω；
(5) 波形测试及开关板；
(6) 三相鼠笼式异步电动机 M04。

4. 实验内容

(1) 测量定子绕组的冷态直流电阻。

准备：将电机在室内放置一段时间，用温度计测量电机绕组端部或铁芯的温度。当所测温度与冷态介质温度之差不超过 2K 时，即为实际冷态。记录此时的温度和测量定子绕组的直流电阻，此阻值即为冷态直流电阻。

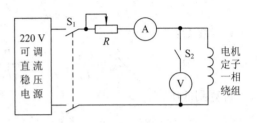

图 2-17-1　三相交流绕组电阻的测定

伏安法：测量线路如图 2-17-1 所示，其中，S_1、S_2 为双刀双掷和单刀双掷开关，位于 MEL-05；R 为四只 900 Ω 相串联(MEL-03)的电阻；A、V 为直流毫安表和直流电压表，在主控制屏上。

量程的选择：测量时，通过的测量电流约为电机额定电流的 10%，即 50 mA，因而直流毫安表的量程用 200 mA 挡。三相笼型异步电动机定子一相绕组的电阻约为 50 Ω，因而当流过的电流为 50 mA 时，三端电压约为 2.5 V，所以直流电压表量程用 20 V 挡；实验开始前，合上开关 S_1，断开开关 S_2，调节电阻 R 至最大(3600 Ω)。

分别合上绿色"闭合"按钮开关和 220 V 直流可调电源的船形开关，按下复位按钮，调节直流可调电源及可调电阻 R，使实验电机电流不超过电机额定电流的 10%，以防止因实验电流过大而引起绕组的温度上升，读取电流值，再接通开关 S_2 读取电压值。读完后，先打开开关 S_2，再打开开关 S_1。

调节 R，使 A 表分别为 50 mA、40 mA、30 mA，测取三次，取其平均值，测量定子三相绕组的电阻值，记录于表 2-17-1 中。

表 2-17-1　测量定子三相绕组的电阻值

室温＿＿＿＿＿℃

	绕组 I			绕组 II			绕组 III		
I/mA									
U/V									
R/Ω									

注意：① 测量时，电机的转子须静止不动。② 测量通电时间不应超过 1 分钟。

(2) 判定定子绕组的首末端。先用万用表测出各相绕组的两个线端，将其中的任意两相绕组串联，如图 2-17-2 所示。

将调压器调压旋钮退至零位，合上绿色"闭合"按钮开关，接通交流电源并调节，在绕组端施以单相低电压 $U=80\sim100$ V，注意电流不应超过额定值，测出第三相绕组的电压，如测得的电压有一定读数，表示两相绕组的末端与首端相连，如图 2-17-2(a)所示；反之，如测得电压近似为零，则两相绕组的末端与末端(或首端与首端)相连，如图 2-17-2(b)所示。用同样方法测出第三相绕组的首末端。

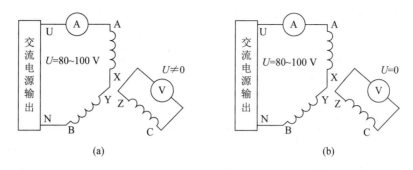

图 2-17-2　三相交流绕组首末端的测定

(3) 空载实验。实验线路如图 2-17-3 所示，电动机绕组为△形接法($U_N=220$ V)，不带测功机。

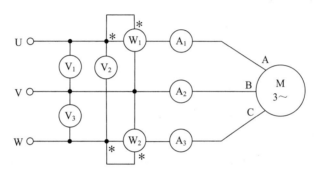

图 2-17-3　三相笼型异步电动机实验接线图

① 起动电动机前，把交流电压调节旋钮退至零位，然后接通电源，逐渐升高电压，使电动机起动旋转，观察电动机旋转方向，并使电动机旋转方向符合要求。

② 保持电动机在额定电压下空载运行数分钟，使机械损耗达到稳定后再进行实验。

③ 调节电压，由 $1.2U_N$ 开始逐渐降低电压，直至电流或功率显著增大为止。在该范围内读取空载电压、空载电流、空载功率。

④ 在测取空载实验数据时，在额定电压附近多测量几点，并记录数据于表 2-17-2 中。

表 2-17-2　空　载　实　验

序号	空载电压/V				空载电流/A				空载功率/W			$\cos\varphi_0$
	U_{UV}	U_{VW}	U_{WU}	U_0	I_U	I_V	I_W	I_0	P_1	P_2	P_0	
1												
2												
3												
4												
5												
6												

(4) 短路实验。实验线路如图 2-17-3 所示，将测功机和三相异步电动机同轴连接。

① 将螺丝刀插入测功机堵转孔中，堵住测功机定、转子，并将三相调压器退至零位。

② 合上交流电源，调节调压器，使之逐渐升压至短路电流 $1.2I_N$，再逐渐降压至 $0.3I_N$ 为止。

③ 在该范围内读取短路电压、短路电流、短路功率，将数据填入表 2-17-3 中。做完实验后，注意取出测功机堵转孔中的螺丝刀。

表 2-17-3　短路实验

序号	短路电压/V				短路电流/A				短路功率/W			$\cos\varphi_K$
	U_{UV}	U_{VW}	U_{WU}	U_K	I_U	I_V	I_W	I_K	P_1	P_2	P_K	
1												
2												
3												
4												
5												
6												

5. 思考题

(1) 由空载、短路实验数据求取异步电动机的等效电路参数时，哪些因素会引起误差？

(2) 从短路实验数据可以得出哪些结论？

6. 实验报告要求

(1) 计算基准工作温度时的相电阻。由实验直接测得每相电阻值，此值为实际冷态电阻值。冷态温度为室温。按下式换算到基准工作温度时的定子绕组相电阻：

$$r_{\text{lef}} = r_{\text{lc}} \frac{235 + \theta_{\text{ref}}}{235 + \theta_C}$$

式中，r_{lef} 为换算到基准工作温度时定子绕组的相电阻；r_{lc} 为定子绕组的实际冷态相电阻；θ_{ref} 为基准工作温度，对于 E 级绝缘为 $75\,^\circ\text{C}$；θ_C 为实际冷态时定子绕组的温度。

(2) 作空载特性曲线：I_0、P_0、$\cos\varphi_0 = f(U_0)$。

(3) 作短路特性曲线：I_K、$P_K = f(U_K)$。

(4) 由空载、短路实验的数据求异步电动机等效电路的参数。

① 由短路实验数据求短路参数。

短路阻抗为

$$Z_K = \frac{U_K}{I_K / \sqrt{3}}$$

短路电阻为

$$r_K = \frac{P_K}{3(I_K / \sqrt{3})^2}$$

短路电抗为

$$X_K = \sqrt{Z_K^2 - r_K^2}$$

式中，U_K、I_K、P_K 是相应于 I_K 为额定电流时的相电压、相电流、三相短路功率。

转子电阻的折合值为

$$r'_2 \approx r_K - r_1$$

定、转子漏抗为

$$X'_{1\sigma} \approx X'_{2\sigma} \approx \frac{X_K}{2}$$

② 由空载实验数据求激磁参数。

空载阻抗为

$$Z_0 = \frac{U_0}{I_0 / \sqrt{3}}$$

空载电阻为

$$r_0 = \frac{P_0}{3(I_0 / \sqrt{3})^2}$$

空载电抗为

$$X_0 = \sqrt{Z_0^2 - r_0^2}$$

式中，U_0、I_0、P_0 是相应于 $U = U_N$ 为额定电压时的相电压、相电流、三相空载功率。

激磁电抗为 $X_m = X_0 - X_{1\sigma}$，激磁电阻为

$$r_m = \frac{P_{Fe}}{3(I_0 / \sqrt{3})^2}$$

式中，P_{Fe} 为额定电压时的铁耗。

2.18　三相同步发电机的并网运行

1. 实验目的

(1) 了解三相同步发电机的工作原理。

(2) 用准同步法或自同步法将三相同步发电机投入电网并网运行。

(3) 调节三相同步发电机与电网并网运行时的有功功率。

(4) 调节三相同步发电机与电网并网运行时的无功功率。

(5) 测取当输出功率等于零时三相同步发电机的 V 形曲线。

(6) 测取当输出功率等于 0.5 倍额定功率时三相同步发电机的 V 形曲线。

(7) 掌握直流电动机的起动与调速。

2. 预习要求

(1) 预习三相同步发电机投入电网并网运行的条件，不满足这些条件产生的后果，以及满足这些条件的方法。

(2) 预习三相同步发电机投入电网并网运行时有功功率和无功功率的调节方法，以及

调节过程。

3. 实验设备

(1) MEL 系列电机教学实验台主控制屏；

(2) 电机导轨及测功机、转矩转速测量(MEL-13、MEL-14)；

(3) 三相可变电阻器(90Ω，MEL-04)；

(4) 波形测试及开关板(MEL-05)；

(5) 旋转指示灯、整步表(MEL-07)；

(6) 同步电机励磁电源(位于主控制屏右下部)；

(7) 功率及功率因数表(或在主控制屏上，或在单独的组件 MEL-20、MEL-24k 中)。

4. 实验内容

(1) 用准同步法将三相同步发电机投入电网并网运行。实验接线图如图 2-18-1 所示，三相同步发电机 G 选用 M08(Y 形接法)，原动机选用直流他励电动机 M03(作他励接法)。其中，mA、A_1、V_1 分别为直流电源自带毫安表、电流表、电压表(在主控制屏下部)；R_{ST} 为 MEL-04 中的两只 90 Ω 相串联(最大值为 180 Ω)的电阻；R_f 为 MEL-03 中的两只 900 Ω 相串联(最大值为 1800 Ω)的电阻；R 为 MEL-04 中的 90Ω 电阻；开关 S_1、S_2 选用 MEL-05；同步电机励磁电源固定在控制屏的右下部。

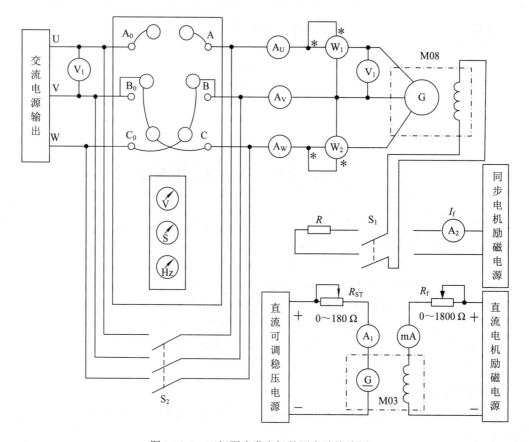

图 2-18-1　三相同步发电机并网实验接线图

　　工作原理：三相同步发电机与电网并网运行时必须满足三个条件，一是发电机的频率和电网频率要相同，即 $f_{II} = f_I$；二是发电机和电网电压大小、相位要相同，即 $E_{oII} = U_I$；三是发电机和电网的相序要相同。

　　为了检查这些条件是否满足，可用电压表检查电压，用灯光旋转法或整步表法检查相序和频率。

　　实验步骤：

　　① 三相调压器旋钮逆时针旋到底，断开开关 S_2，将 S_1 合向"1"端，确定"可调直流稳压电源"和"直流电机励磁电源"船形开关均在断开位置，合上绿色"闭合"按钮开关，顺时针调节调压器旋钮，使交流输出电压达到同步发电机额定电压 $U_N = 220$ V。

　　② 直流电动机电枢调节电阻 R_{ST} 调至最大，励磁调节电阻 R_f 调至最小，先合上直流电动机励磁电源船形开关，再合上可调直流稳压电源船形开关，起动直流电动机 M03，并调节电动机转速为 1500 r/min。

　　③ 将开关 S_1 合向"2"端，接通同步电动机励磁电源，调节同步电动机励磁电流 I_f，使同步发电机发出 220 V 额定电压。

　　④ 观察三组相灯，若依次明灭形成旋转灯光，则表示发电机和电网相序相同，若三组灯同时发亮、同时熄灭，则表示发电机和电网相序不同。当发电机和电网相序不同时应先停机，调换发电机或三相电源任意两根端线，改变相序后，再按前述方法重新起动电动机。

　　⑤ 当发电机和电网相序相同时，调节同步发电机励磁电流 I_f，使同步发电机电压和电网电压相同，再细调直流电动机转速，使各相灯光缓慢地轮流旋转发亮，此时接通整步表直键开关，观察到整步表 V 表和 Hz 表指在中间位置，S 表指针逆时针缓慢旋转。

　　⑥ 待 A 相灯熄灭时，合上并网开关 S_2，把同步发电机投入电网并网运行。

　　⑦ 停机时应先断开整步表直键开关，断开并网开关 S_2，将 R_{ST} 调至最大，三相调压器逆时针旋到零位，并先断开电枢电源，后断开直流电机励磁电源。

　　(2) 用自同步法将三相同步发电机投入电网并网运行。

　　① 在并网开关 S_2 断开且相序相同的条件下，把开关 S_1 合向"2"端，接至同步电机励磁电源，MEL-07 中的整步表直键开关打在"断开"位置。

　　② 按前述方法起动直流电动机，并使直流电动机升速到接近同步转速(1475～1525 r/min)。

　　③ 起动同步电机励磁电流源，并调节励磁电流 I_f 使发电机电压约等于电网电压 220 V。

　　④ 将开关 S_1 合到"1"端，接入电阻 R(R 为 90 Ω 电阻，约为三相同步发电机励磁绕组电阻的 10 倍)。

　　⑤ 合上并网开关 S_2，再把开关 S_1 合到"2"端，这时电机利用"自整步作用"迅速被牵入同步。

　　(3) 三相同步发电机与电网并网运行时有功功率的调节。

　　① 按上述(1)、(2)中任意一种方法把同步发电机投入电网并网运行。

　　② 并网以后，调节直流电动机的励磁电阻 R_f 和同步电机的励磁电流 I_f，使同步发电机定子电流接近于零，记录此时的同步发电机励磁电流 $I_f = I_{f0}$ 于表中。

　　③ 保持励磁电流 I_f 不变，调节直流电动机的励磁调节电阻 R_f，使其阻值增加，这时同步发电机输出功率 P_2 增加。

④ 在同步电机定子电流接近于零到额定电流的范围内读取三相电流、三相功率、功率因数，读取数据记录于表 2-18-1 中。

表 2-18-1　有功功率的调节

$U = 220 \text{ V(Y)}$，$I_f = I_{f0} =$ 　　　　A

序号	测　量　值					计　算　值		
	输出电流/A			输出功率/W		I	P	$\cos\varphi$
	I_U	I_V	I_W	P_1	P_2			

表中，

$$I = \frac{I_U + I_V + I_W}{3}，\quad P = P_1 + P_2，\quad \cos\varphi = \frac{P_2}{\sqrt{3}UI}$$

(4) 三相同步发电机与电网并网运行时无功功率的调节。

① 测取当输出功率等于零时三相同步发电机的 V 形曲线。

(a) 按上述(1)、(2)中任意一种方法把同步发电机投入电网并网运行。

(b) 保持同步发电机的输出功率 $P_2 \approx 0$。

(c) 先调节同步发电机励磁电流 I_f，使 I_f 上升，发电机定子电流随着 I_f 的增加上升到额定电流，并调节 R_{st}，保持 $P_2 \approx 0$，同时记录此点同步发电机励磁电流 I_f、定子电流 I_0。

(d) 减小同步电机励磁电流 I_f，使定子电流 I 减小至最小值，并记录此点数据。

(e) 继续减小同步电机励磁电流，这时定子电流又将增加至额定电流。

(f) 分别在过励和欠励情况下，读取数据并记录于表 2-18-2 中。

表 2-18-2　无功功率的调节

$n = 1500 \text{ r/min}$，$U = 220 \text{ V}$，$P_2 \approx 0 \text{ W}$

序号	三相电流/A				励磁电流 I_f/A
	I_U	I_V	I_W	I	

表中，

$$I = \frac{I_U + I_V + I_W}{3}$$

② 测取当输出功率等于 0.5 倍额定功率时三相同步发电机的 V 形曲线。

(a) 按上述(1)、(2)中任意一种方法把同步发电机投入电网并网运行。

(b) 保持同步发电机的输出功率 P_2 等于 0.5 倍额定功率。

(c) 先调节同步发电机励磁电流 I_f，使 I_f 上升，发电机定子电流则随着 I_f 的增加上升到额定电流，记录此点同步发电机励磁电流 I_f、定子电流 I_0。

(d) 减小同步电机励磁电流 I_f，使定子电流 I 减小至最小值，记录此点数据。

(e) 继续减小同步电机励磁电流，这时定子电流又将增加至额定电流。

(f) 分别在过励和欠励的情况下，读取数据并记录于 2-18-3 中。

表 2-18-3　过励和欠励情况下的 V 形曲线

$n = 1500$ r/min，$U = 220$ V，$P_2 \approx 0.5$ W

序号	测　量　值				计　算　值	
	I_U	I_V	I_W	I_f	I	$\cos\varphi$

表中，

$$I = \frac{I_U + I_V + I_W}{3}，\quad \cos\varphi = \frac{P_2}{\sqrt{3}UI}$$

5. 思考题

(1) 自同步法将三相同步发电机投入电网并网运行时，先把同步发电机的励磁绕组串入 10 倍励磁绕组电阻值的附加电阻组成回路的作用是什么？

(2) 自同步法将三相同步发电机投入电网并网运行时，先由原动机把同步发电机带动旋转到接近同步转速(1475～1525 r/min)，然后并入电网，若转速太低，并车将产生什么情况？

6. 实验报告要求

(1) 试述并网运行条件不满足时并网将引起的后果。

(2) 试述三相同步发电机和电网并网运行时有功功率和无功功率的调节方法。

(3) 画出 $P_2 \approx 0$ 和 $P_2 \approx 0.5$ 倍额定功率时同步发电机的 V 形曲线，并加以说明。

2.19　三相异步电动机在各种运行状态下的机械特性研究

1. 实验目的

(1) 掌握三相绕线式异步电动机的起动与调速。

(2) 了解直流电机的工作特性。

(3) 了解三相绕线式异步电动机在各种运行状态下的机械特性。

2. 预习要求

(1) 预习三相绕线式异步电动机在电动运行状态和再生发电制动状态下的机械特性。

(2) 预习三相绕线式异步电动机在反接制动运行状态下的机械特性。

(3) 预习测定各种运行状态下的机械特性时应注意的问题。

3. 实验设备

(1) MEL 系列电机系统教学实验台主控制屏；

(2) 电机导轨及测速表(MEL-13、MEL-14)；

(3) 直流电压、电流、毫安表；

(4) 三相可调电阻器，分别为 90 Ω、900 Ω；

(5) 波形测试及开关板。

4. 实验内容

绕线式异步电动机机械特性实验接线图如图 2-19-1 所示，其中，M 为三相绕线式异步电动机 M09，额定电压 U_N = 220 V，采用 Y 形接法；G 为直流他励电动机 M03(他励接法)，其 U_N = 220 V，P_N = 185 W；R_S 选用三组 90 Ω 电阻(每组为 MEL-04，90 Ω 电阻)；R_1 选用 675 Ω 电阻(MEL-03 中，450 Ω 电阻和 225 Ω 电阻相串联)，如图 2-19-2 所示；R_f 选用 3000 Ω 电阻(电机起动箱中，磁场调节电阻)；V_2、A_2、mA 分别为直流电压、电流、毫安表，为直流电源自带仪表；V_1、A_1、W_1、W_2 为交流、电压、电流、功率表，在主控制屏上；S_2 选用 MEL-05 中的双刀双掷开关。

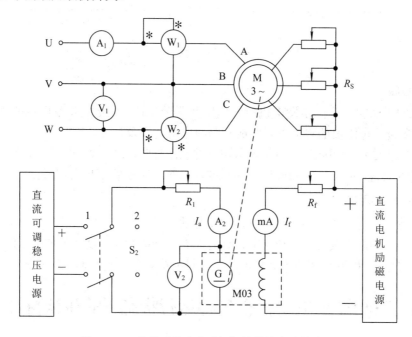

图 2-19-1 绕线式异步电动机机械特性实验接线图

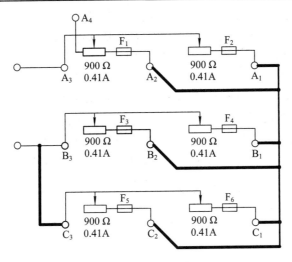

图 2-19-2　675 Ω 电阻

(1) 测定三相绕线式异步电动机再生发电制动机械特性。

实验前开关及电阻的选择：R_S 阻值调至零，R_1 阻值调至最大，R_f 阻值调至最小；开关 S_2 合向 "2" 端；三相调压旋钮逆时针旋到底，直流电机励磁电源船形开关和 220 V 直流稳压电源船形开关在断开位置。同时，直流稳压电源调节旋钮逆时针旋到底，使电压输出最小。

实验步骤：

① 按下绿色 "闭合" 按钮开关，接通三相交流电源，调节三相交流电压输出为 180 V (注意观察电机转向是否符合要求，即转速显示为正值)，并在以后的实验中保持不变。

② 先接通直流电机励磁电源，调节 R_f 阻值，使 I_f = 95 mA 并保持不变，再接通可调直流稳压电源的船形开关和复位开关，起动直流电动机，在开关 S_2 的 "2" 端测量电机 G 的输出电压极性，先使电机 G 的输出电压极性与开关 S_2 "1" 端的电枢电源极性相反，再在 R_1 为最大值的条件下，将 S_2 合向 "1" 端。

③ 调节直流稳压电源和 R_1 的阻值(先调节 R_1 中的 450 Ω 电阻，当减到 0 时，再调节 225 Ω 电阻，同时调节直流稳压电源)，使电动机从堵转(约 200 转左右)到接近于空载状态，其间测取电机 G 的 U_a、I_a、n 及电动机 M 的交流电流表 A、功率表 P_1、P_2 的读数，测取 8～9 组数据，记入表 2-19-1 中。

表 2-19-1　三相绕线式异步电动机再生发电制动机械特性

U = 200 V，R_S = 0，I_f = 　　　 mA

U_a/V								
I_a/A								
n/(r/min)								
I_1/A								
P_1/W								
P_2/W								
P_Σ/W								

④ 当电动机 M 接近空载而转速不能调高时，将 S_2 合向"2"端，调换直流电机 G 的电枢极性，使其与"直流稳压电源"同极性。调节直流电源，使其与直流电机 G 的电枢电压值接近相等，再将 S_2 合至"1"端，减小 R_1 阻值直至为零。

⑤ 升高直流电源电压，使电动机 M 的转速上升，当电机转速为同步转速时，异步电机功率接近于 0，继续调高电枢电压，则异步电机从第一象限进入第二象限再生发电制动状态，直至异步电动机 M 的电流接近额定值，测取电动机 M 的定子电流 I_1，功率 P_1、P_2，转速 n 和直流电机 G 的电枢电流 I_a，电压 U_a，计入表 2-19-2 中。

表 2-19-2　第二象限再生发电制动机械特性

$U = 200$ V，$I_f =$ 　　　 A

U_a/V								
I_a/A								
n/(r/min)								
I_1/A								
P_1/W								
P_2/W								
P_Σ/W								

(2) 电动机反接制动运行状态下的机械特性。在断电的条件下，把 R_S 的三只可调电阻调至 90 Ω，拆除图 2-19-2 中 R_1 的短接导线，并调至最大 2250 Ω，将直流发电机 G 接到 S_2 上的两个接线端并对调，使直流发电机输出电压极性和"直流稳压电源"极性相反，开关 S_2 合向左边，逆时针调节可调直流稳压电源调节旋钮到底。

① 按下绿色"闭合"按钮开关，调节交流电源输出为 200 V；合上励磁电源船形开关，调节 R_f 的阻值，使 $I_f = 95$ mA。

② 按下直流稳压电源的船形开关和复位按钮，起动直流电源，开关 S_2 合向左边(1 端)，让异步电动机 M 带上负载运行，减小 R_1 阻值(先减小 1800 Ω 电阻，电流为 0.41 A；再减小 450 Ω 电阻，电流为 0.82 A)，使异步发电机转速下降，直至为零。

③ 继续减小 R_1 阻值或调离电枢电压值，异步电动机即进入反向运转状态，直至其电流接近额定值，测取发电机的电枢电流 I_a、电压 U_a 和异步电动机的定子电流 I_1，P_1、P_2，转速 n，计入表 2-19-3 中。

表 2-19-3　电动机反接制动运行状态下的机械特性

$U = 200$ V，$I_f = 95$ mA

U_a/V							
I_a/A							
n/(r/min)							
I_1/A							
P_1/W							
P_2/W							
P_Σ/W							

5. 实验注意事项

调节串并联电阻时，要按电流的大小来相应调节串联或并联电阻，防止电阻器过流烧坏。

6. 思考题

(1) 再生发电制动实验中，如何判别电机运行在同步转速点？

(2) 在实验过程中，为什么电机电压降到 200V？在此电压下所得的数据，要计算出全压下的机械特性，应如何处理？

7. 实验报告要求

根据实验数据绘出三相绕线式异步电动机运行在三种状态下的机械特性。

2.20　基本继电接触控制电路

1. 实验目的

(1) 了解时间继电器和行程开关的基本结构，掌握它们的使用方法。

(2) 掌握常用的几种继电接触控制电路的工作原理、控制功能、接线及操作方法。

2. 实验原理

如果要求电动机按一定顺序、一定时间间隔进行起动运行或停止，常用时间继电器来实现。时间继电器是一种延时动作的继电器，它从接收信号(如线圈带电)到执行动作(如触点动作)，具有一定的时间间隔，此时间间隔可按需要预先整定，以协调和控制生产机械的各种动作。时间继电器的种类通常有电磁式、电动式、空气式和电子式等。时间继电器的触点系统有延时动作触点和瞬时动作触点，其中又分动合触点和动断触点。延时动作触点又分带电延时型和断电延时型。

行程开关(也称限位开关)是一种根据生产机械的行程控制的主令电器，用于控制生产机械的运动方向、行程大小或位置保护。行程开关所控制的是辅助电路，因此也是一种继电器。行程开关安装在固定基座上，当与被它所控制的生产机械运动部件上的"撞块"相撞时，撞块压下行程开关的滚轮，便发出触点通、断信号。当撞块离开后，有的行程开关自动复位(如单轮旋转式)，而有的行程开关不能自动复位(如双轮旋转式)，后者须依靠另一方向的二次相撞来复位。

3. 实验设备

(1) 三相四线制交流电源一台；

(2) 三相异步电动机一台；

(3) 继电接触箱一个，导线若干。

4. 实验内容

(1) 顺序控制电路。三相异步电动机的顺序控制电路如图 2-20-1 所示，其中 KM_1、KM_2 为三相接触器；SB_2、SB_3 为三相电机起动按钮；SB_1 为停止按钮；M_1、M_2 为三相异步电动机(Y 形接法)。电路接好后，操作 SB_2、SB_3、SB_1，观察电路的工作情况。若先操作 SB_3，工作情况如何？

(2) 时间控制电路。时间控制电路的主电路和图 2-20-1 中的相同，控制电路如图 2-20-2 所示，其中，KT 为时间继电器。操作 SB_2，经一定时间后再操作 SB_1，观察电路的工作情况。然后调节时间继电器的延时时间，重复上述操作，并观察电路的工作情况。

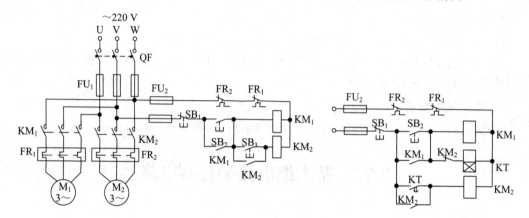

图 2-20-1　三相异步电动机的顺序控制电路　　　　　图 2-20-2　时间控制电路

(3) 行程控制电路。如图 2-20-3 所示为三相异步电动机的自动往复循环控制电路。它是利用行程开关来控制电机的正、反转，用电动机的正、反转带动生产机械运动部件的左、右(或上、下)运动。图中，KM_1、KM_2 分别为正转、反转三相接触器；SB_1、SB_2 分别为正转、反转起动按钮；SQ_1、SQ_2 为行程开关(可以用开关代替各行程开关)；SQ_3、SQ_4 为左、右超程行程开关。

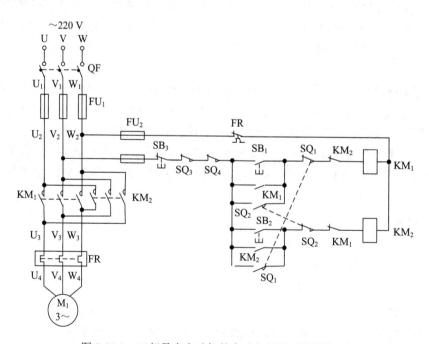

图 2-20-3　三相异步电动机的自动往复循环控制电路

5. 实验报告要求

分析说明各实验电路的工作原理，总结它们的动作结果。

2.21 三相异步电动机的正反转控制

1. 实验目的

掌握三相异步电动机正反转控制电路的工作原理、接线及操作方法。

2. 实验原理

生产机械往往要求运动部件可以实现正、反两个方向的起动，这就要求拖动电动机能作正反向旋转。由电动机的工作原理可知，改变电动机三相电源的相序，就能改变电动机的旋转方向。常用的控制电路可采用组合开关或按钮、接触器等电器元件实现。如图 2-21-1、2-21-2 所示为采用两个按钮分别控制两个接触器来改变电动机相序，实现电动机正反转的控制电路。图 2-21-1 较为简单，按下正转起动按钮 SB_1，KM_1 线圈通电并自锁，接通正序电源，电动机正转。当要使电动机反转时，必须先按下停止按钮，使 KM_1 断电，然后按下反转起动按钮 SB_2，实现电动机的反转。在电路中，由于将 KM_1、KM_2 常闭辅助触点串接在对方线圈电路中，所以形成了相互制约的控制，这称为互锁或联锁控制。

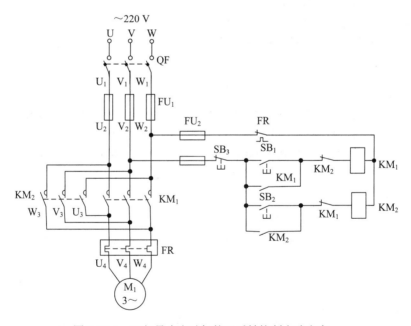

图 2-21-1 三相异步电动机的正反转控制电路方案一

对于要求频繁实现正反转的电动机，可用图 2-21-2 电路实现电动机控制，它是在图 2-21-1 电路基础上将正转起动按钮 SB_1 与反转起动按钮 SB_2 的常闭触点串接在对方常开触点电路中，利用按钮的常开、常闭触点的机械连接，在电路中互相制约的方法，称为机械互锁。这种具有电气、机械双重互锁的控制电路是常用、可靠的电动机可旋转控制电路，既可实现"正转—停止—反转—停止"控制，又可实现"正转—反转—停止"控制。

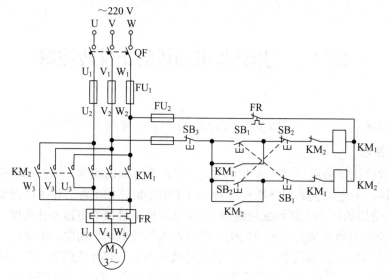

图 2-21-2　三相异步电动机的正反转控制电路方案二

3. 实验设备

(1) 三相四线制交流电源一台；

(2) 三相异步电动机一台；

(3) 继电接触箱一个，导线若干。

4. 实验内容

(1) 按图 2-21-1 接线，检查接线，正确后，合上主电源，调三相电压为 220 V。当按下 SB$_1$ 按钮后，电动机正转，观察各交流接触器的动作情况；当按下 SB$_3$ 按钮后，电动机停转；再按下 SB$_2$ 按钮，观察电动机的转向，并体会联锁触头的作用。

接线思路：先接主电路，再接控制电路；先接串联线路，后接并联线路；先分布后合并。

总体走线：上进线，下出线；左进线，右出线；前进线，后出线。

通电原则：先正确接线，后通电调试；完成后，先将调压器调零，再关闭电源，最后拆除导线。

(2) 按图 2-21-2 接线，实现电动机的直接正反转控制，分析控制原理。

5. 实验报告要求

(1) 电机实现正反转可采用的几种电路实现，以及每一种电路的适用场合。

(2) 讨论自锁触头和联锁触点的作用。

(3) 将图 2-21-1 中 KM$_1$、KM$_2$ 常闭辅助触点串接在对方线圈电路中，实现联锁，讨论可否直接利用按钮开关的常闭触点实现互锁。

2.22　三相异步电动机的星形-三角形降压起动控制

1. 实验目的

掌握三相异步电动机 Y-△降压起动的方法，并了解这种起动方法的优、缺点。

2. 实验原理

三相异步电动机的直接起动只适合小容量的电动机，因为起动电流大，当电动机容量在 10 kW 以上时，应采用减压起动，以减小起动电流，但同时也减小了起动转矩，故适用于起动转矩要求不高的场合。对于正常运行时定子绕组采用三角形连接的电动机，可采用 Y-△降压起动。另外，还可采取定子绕组电路串电阻或电抗器，使用自耦变压器等。这些起动方法的实质都是在电源电压不变的情况下，起动时减小加在电动机定子绕组上的电压，以限制起动电流，而在起动以后将电压恢复至额定值，电动机进入正常运行。

其 Y-△降压起动控制电路如图 2-22-1 所示。图中，KM_Y 为星形连接接触器，KM 为接通电源接触器，$KM_△$ 为△形连接接触器，KT 为起动时间继电器。

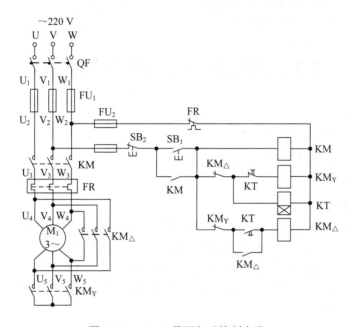

图 2-22-1　Y-△降压起动控制电路

三相笼型异步电动机额定电压通常为 220/380 V，相应的绕组接法为△/Y，这种电动机每相绕组的额定电压为 380 V。我国采用的电网供电电压为 380 V，因此，电动机起动时接成 Y 形连接，电压降为额定电压的 $\dfrac{1}{\sqrt{3}}$，正常运转时换接成△形连接。由电工基础知识可知：

$$I_△ = 3I_Y$$

式中，$I_△$ 为电动机△形连接时的线电流，单位为 A；I_Y 为电动机 Y 形连接时的线电流，单位为 A。

因此 Y 形连接时起动电流仅为△形连接时的 1/3，相应的起动转矩也是△形连接的 1/3。因此，Y-△起动仅适用于空载或轻载下的起动。

3. 实验设备

(1) 三相四线制交流电源一台；

(2) 三相异步电动机一台；

(3) 继电接触箱三个，吸引线圈额定电压 220 V，导线若干。

4. 实验内容

合上电源开关 QF，按下起动按钮 SB_1，KM_Y 通电，同时 KM 通电并自锁，电动机接成 Y 形连接，接入三相电源进行减压起动。在按下 SB_1、KM_Y 通电动作的同时，KT 通电，经过一段时间延时后，KT 常闭触点断开，KM_Y 断电释放，电动机星形中性点断开，$KM_\triangle$ 通电并自锁，电动机接成 △ 形连接运行。至此，电动机 Y-△ 减压起动结束，电动机投入正常运行。停止时，按下 SB_2 即可。

5. 实验报告要求

(1) 比较直接起动与降压起动的特点。

(2) 分析采用 Y-△ 起动的条件。

2.23　常用机床和电动葫芦的控制

1. 实验目的

(1) 了解普通车床的电气控制。

(2) 分析 X62W 铣床控制线路。

(3) 了解电动葫芦的电气控制。

2. 实验原理

(1) C620 普通车床电气控制电路如图 2-23-1 所示，M_1、M_2 为容量小于 10 kW 的电动机，采用全压直接起动，均为单方向旋转。M_1 由接触器 KM 实现起动、停止控制，M_2 由转换开关 QS 控制。M_1、M_2 分别由热继电器 FR_1、FR_2 实现电动机长期过载保护，由熔断器 FU_1、FU_2 实现 M_2 电动机、控制电路及照明电路的短路保护。照明电路由变压器 T 供给电压，控制照明灯 EL。

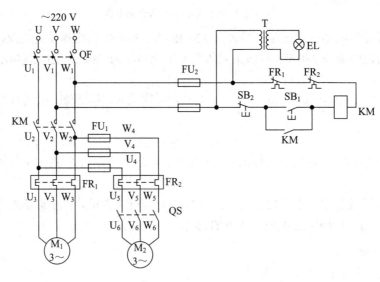

图 2-23-1　C620 普通车床电气控制电路

(2) X62W 铣床模拟控制电路如图 2-23-2 所示，请读者自行分析其工作原理。

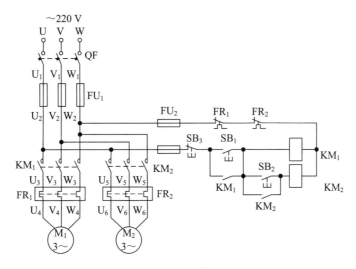

图 2-23-2 X62W 铣床模拟控制电路

(3) 电动葫芦是将电动机、减速器、卷筒、制动器和运行小车等紧凑地合为一体的起重机械，由于它轻巧、灵活，所以广泛地用于中小型物体的起重吊装中。

如图 2-23-3 所示为电动葫芦电气控制电路图。提升电动机 M_1 由上升、下降接触器 KM_1、KM_2 控制，移动电动机 M_2 由向前、向后接触器 KM_3、KM_4 控制。它们都由电动葫芦悬挂按钮站上的复式按钮 $SB_1 \sim SB_4$ 实现电动控制，SQ 为提升行程开关。

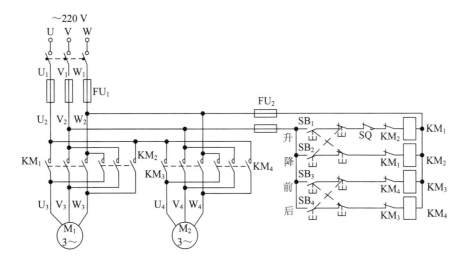

图 2-23-3 电动葫芦电气控制电路

3. 实验设备

(1) 三相四线制交流电源一台；

(2) 三相异步电动机一台；

(3) 继电接触箱一个，三相可变电阻一个，导线若干。

4. 实验内容

按图 2-23-1、图 2-23-2、图 2-23-3 接线并进行相应的操作,观察各电路功能。

5. 实验总结

分析 X62W 铣床模拟控制线路的控制原理。

第 3 章　PLC 控制实验

可编程控制器(PLC)是一种由数字运算操作的电子系统，广泛应用于机械制造、冶金、电力、交通、化工等行业中，优化了继电接触控制系统，极大地提高了行业的智能自动化水平。本章包括 PLC 基本原理、PLC 基本程序指令、PLC 基本编程语言、PLC 软件编程、PLC 控制典型实验模块等内容，培养学生从事工程实践的积极性和主动性，培养复合型的现代化、智能化的科技人才，以及使用现代工程软件和信息技术工具，对复杂工程问题进行分析与设计的基本能力。

3.1　FX 系列可编程控制器

3.1.1　FX 系列可编程控制器简介

1. 可编程控制器简介

可编程控制器(PLC)是采用微机技术的通用工业自动化装置，近几年来，在国内已得到迅速推广和普及，正改变着工厂自动控制的面貌，对传统技术的改造以及新型工业的发展具有重大的实际意义。可编程控制器是 20 世纪 60 年代末在美国首先出现的，当时叫可编程逻辑控制器(Programmable Logic Controller，PLC)，目的是取代继电器，以执行逻辑判断、计时、计数等顺序控制功能。其基本设计思想是把计算机功能的完善、灵活、通用等优点和继电器控制系统的简单易懂、操作方便、价格便宜等优点结合起来，控制器的硬件是标准的、通用的。根据实际应用对象，将控制内容写入控制器的用户程序内，控制器和被控对象连接也很方便。随着半导体技术，尤其是微处理器和微型计算机技术的发展，到 20 世纪 70 年代中期以后，微处理器已广泛作为中央处理器，输入/输出模块和外围电路都采用了中、大规模甚至超大规模的集成电路，这时已不再仅有逻辑判断功能，还同时具有数据处理、调节和数据通信功能。

可编程控制器对用户来说，是一种无触点设备，改变程序即可改变生产工艺，因此可在初步设计阶段选用可编程控制器，在实施阶段再确定工艺过程。另一方面，从制造生产可编程控制器的厂商角度来看，在制造阶段不需要根据用户的订货要求专门设计控制器，适合批量生产。由于这些特点，可编程控制器问世以后很快受到工业控制界的欢迎，并得到迅速的发展。目前，可编程控制器已成为工厂自动化的强有力工具，得到了推广。

可编程控制器(Programmable Controller)简称 PC，但由于其容易和个人计算机(Personal Computer)混淆，故人们仍习惯用 PLC 作为可编程控制器的缩写。PLC 是一个以微处理器为核心的数字运算操作电子系统装置，专为在工业现场应用而设计，采用可编序的存储

器，用以在其内部存储执行逻辑运算、顺序控制、定时/计数和算术运算等操作指令，并通过数字式或模拟式的输入、输出接口，控制各种类型的机械或生产过程。PLC 是微机技术与传统的继电接触控制技术相结合的产物，它克服了继电接触控制系统中的机械触点的接线复杂、可靠性低、功耗高、通用性和灵活性差的缺点，充分利用了微处理器的优点，又照顾到现场电气操作维修人员的技能与习惯，特别是 PLC 的程序编制，不需要专门的计算机编程语言知识，而是采用了一套以继电器梯形图为基础的简单指令形式，使用户程序编制形象、直观、方便易学，调试与查错也都很方便。

因此，PLC 是以微处理器为基础，综合了计算机技术、自动控制技术和通信技术而发展起来的一种新型、通用的自动控制装置，是近几十年发展起来的一种新型工业控制器，由于它把计算机的编程灵活、功能齐全、应用面广等优点与继电器系统的控制简单、使用方便、抗干扰能力强、价格便宜的优点结合了起来，而其本身又具有体积小、重量轻、耗电省等特点，在工业生产过程控制中的应用越来越广泛。

PLC 的特点：软件简单易学；使用和维修方便；运行稳定可靠；设计、施工周期短。

2. PLC 的结构及各部分的作用

可编程控制器的结构多种多样，但其组成的一般原理基本相同，都是以微处理器为核心的。它通常由中央处理单元(CPU)、存储器(RAM、ROM)、输入/输出单元(I/O)、电源和编程器等几个部分组成。PLC 的基本结构如图 3-1-1 所示。

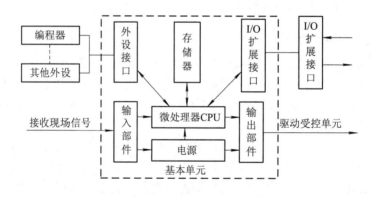

图 3-1-1　PLC 基本结构

(1) 中央处理单元(CPU)。CPU 作为整个 PLC 的核心，起着总指挥的作用。CPU 一般由控制电路、运算器和寄存器组成。这些电路通常都被封装在一个集成电路的芯片上。CPU 通过地址总线、数据总线、控制总线与存储单元、输入/输出接口电路连接。CPU 的功能有：从存储器中读取指令，执行指令，取下一条指令，处理中断。

(2) 存储器(RAM、ROM)。存储器主要用于存放系统程序、用户程序及工作数据。存放系统软件的存储器称为系统程序存储器；存放应用软件的存储器称为用户程序存储器；存放工作数据的存储器称为数据存储器。常用的存储器有 RAM、EPROM 和 EEPROM。RAM 是一种可进行读/写操作的随机存储器，存放用户程序，生成用户数据区；存放在 RAM 中的用户程序修改方便。RAM 存储器是一种高密度、低功耗、价格便宜的半导体存储器，可用锂电池作备用电源；掉电时，可有效保持存储的信息。EPROM、EEPROM 都是只读存储器。该类存储器可固化系统管理程序和应用程序。

(3) 输入/输出单元(I/O 单元)。I/O 单元实际上是 PLC 与被控对象间传递输入/输出信号的接口。I/O 单元有良好的电隔离和滤波作用。接到 PLC 输入接口的输入器件是各种开关、按钮、传感器等。PLC 的各输出控制器件往往是电磁阀、接触器、继电器，而继电器有交流和直流型、高电压型和低电压型、电压型和电流型。

(4) 电源。PLC 电源单元包括系统的电源及备用电池，电源单元的作用是把外部电源转换成内部工作电压。PLC 内有一个稳压电源，用于对 PLC 的 CPU 单元和 I/O 单元供电。

(5) 编程器。编程器是 PLC 的最重要外围设备。编程器可将用户程序送入 PLC 的存储器，还可以用编程器检查程序、修改程序、监视 PLC 的工作状态。除此以外，在个人计算机上添加适当的硬件接口和软件包，即可用个人计算机对 PLC 编程。利用微机作为编程器，可以直接编制并显示梯形图。

3. PLC 的工作原理

PLC 采用循环扫描的工作方式，在 PLC 中用户程序按先后顺序存放，CPU 从第一条指令开始执行程序，直到遇到结束符后又返回第一条，如此周而复始、不断循环。PLC 的扫描过程分为内部处理、通信操作、程序输入处理、程序执行、程序输出几个阶段。全过程扫描一次所需的时间称为扫描周期。当 PLC 处于停止状态时，只进行内部处理和通信操作等阶段的工作。在 PLC 处于运行状态时，则进行内部处理、通信操作、程序输入处理、程序执行、程序输出等阶段的工作，一直循环扫描工作。

(1) 输入处理。输入处理也叫输入采样。在此阶段，PLC 顺序读入所有输入端子的通断状态，并将读入的信息存入内存中所对应的映象寄存器。在此，输入映象寄存器被刷新。接着进入程序执行阶段。在程序执行时，输入映象寄存器与外界隔离，即使输入信号发生变化，其映象寄存器的内容也不会发生变化，只有在下一个扫描周期的输入处理阶段才能被读入信息。

(2) 程序执行。根据 PLC 梯形图程序扫描原则，按先左后右、先上后下的步序，逐句扫描，执行程序。遇到程序跳转指令，根据跳转条件是否满足来决定程序的跳转地址。从用户程序涉及输入/输出状态时，PLC 从输入映象寄存器中读出上一阶段采入的对应输入端子状态，从输出映象寄存器读出对应映象寄存器，根据用户程序进行逻辑运算，存入有关器件寄存器中。对每个器件来说，器件映象寄存器中所寄存的内容，会随着程序执行过程而变化。

(3) 输出处理。程序执行完毕后，输出映象寄存器，即器件映象寄存器中的 Y 寄存器的状态，在输出处理阶段转存到输出锁存器，通过隔离电路，驱动功率放大电路，使输出端子向外界输出控制信号，驱动外部负载。

4. FX-20P-E 编程器

FX-20P-E 编程器(Handy Programming Panel，HPP)适用于 FX 系列 PLC，也可以通过转换器 FX-20P-E-FKIT 用于 F 系列 PLC。HPP 由液晶显示屏(16 字符×4 行)ROM 写入器等模块接口、安装存储器卡盒的接口，以及专用的键盘(功能键、指令键、软元件符号键、数字键)等组成。

HPP 配有 FX-20P-CAB 电缆(适用于 FX2 系列 PLC)或 FX-20P-CABO 电缆(适用于 FX$_0$ 系列 PLC)，用来与 PLC 连接；系统的存储卡，用来存放系统软件(在系统软件修改版本时

更换)；其他如 ROM 写入器模块、PLC 存储器卡盒等均为选用件。

FX-20P-E 编程器有联机(Online)和脱机(Offline)两种操作方式。

(1) 联机方式：编程器对 PLC 的用户程序存储器进行直接操作、存取的方法。在写入程序时，若 PLC 内未装 EEPROM 存储器，程序写入 PLC 内部 RAM，若 PLC 内装有 EEPROM 存储器，程序写入该存储器。在联机方式下，因为是直接对 PLC 内部的用户程序存储器进行操作，所以编程结束后，不必再向 PLC 传送。

(2) 脱机方式：针对 HPP 内部存储器的存取方式。编制的程序先写入 HPP 内部的 RAM，再成批地传送到 PLC 的存储器中，也可以在 HPP 和 ROM 写入器之间进行程序传送。

FX-10P-E 简易编程器的操作面板上各键的作用如下：

· 功能键(三个)：RD/WR——读出/写入键；INS/DEL——插入/删除键；MNT/TEST——监视/测试键。三个功能键都是复用键，交替起作用，按第一次时可选择键左上方表示的功能，按第二次时可选择右下方表示的功能。

· 执行键 GO：用于指令的确认、执行、显示画面和检索。

· 清除键 CLEAR：如在按 GO 键前按此键，则清除键入的数据。该键也可以用于清除显示屏上的错误信息或恢复原来的画面。

· 其他键 OTHER：在任何状态下按此键，将显示方式项目菜单。安装 ROM 写入模块时，在脱机方式项目菜单上进行项目选择。

· 辅助键 HELP：显示应用指令一览表。在监视时，进行十进制数和十六进制数的转换。

· 空格键 SP：输入时，用此键指定元件号和常数(定时器 T、计数器 C、功能指令等)。

· 步序键 STEP：设定步序号时按此键。

· 两个光标键↑、↓：用该键移动光标和提示符，指定元件前一个或后一个地址号的元件，作行滚动。

· 指令键、元件符号键、数字键：这些都是复用键。每个键的上面为指令符号，下面为元件符号或者数字。上、下符号的功能根据当前所执行的操作自动进行切换，其中下面的元件符号 Z/V、K/H、P/I 又是交替起作用，反复按键时，互相切换。指令键共有 26 个，操作起来方便、直观。

3.1.2 PLC 基本指令

1. 编程元件

PLC 是采用软件编制程序来实现控制要求的。编程时要使用到各种编程元件，它们可提供无数个动合和动断触点。编程元件是指输入继电器、输出继电器、辅助继电器、定时器、计数器、通用寄存器、数据寄存器及特殊功能继电器等。

PLC 内部这些继电器的作用和继电接触控制系统中使用的继电器十分相似，也有"线圈"与"触点"，但它们不是"硬"继电器，而是 PLC 存储器的存储单元。当写入该单元的逻辑状态为"1"时，则表示相应继电器线圈得电，其动合触点闭合，动断触点断开。所以，PLC 内部的这些继电器称为"软"继电器。FX_{0N}–60MR 编程元件的编号范围与功能说明如表 3-1-1 所示。

表 3-1-1 FX₀N-60MR 基本编程元件的编号范围与功能说明

元件名称	代表字母	编号范围	功 能 说 明
输入继电器	X	X0～X43	接受外部输入设备的信号
输出继电器	Y	Y0～Y27	输出程序执行结果并驱动外部设备
辅助继电器	M	M0～M8254	在程序内部使用，不能提供外部输出
定时器	T	T0～T63	延时定时器，触点在程序内部使用
计数器	C	C0～C254	减法计数继电器，触点在程序内部使用
状态寄存器	S	S0～S127	用于编制顺序控制程序
数据寄存器	D	D0～D8255	数据处理用的数值存储元件

2. 基本指令

PLC 基本指令如表 3-1-2 所示。

表 3-1-2 PLC 基本指令

名称	助记符	目标元件	说 明
取指令	LD	X、Y、M、S、T、C	常开接点逻辑运算起始
取反指令	LDI	X、Y、M、S、T、C	常闭接点逻辑运算起始
线圈驱动指令	OUT	Y、M、S、T、C	驱动线圈的输出
与指令	AND	X、Y、M、S、T、C	单个常开接点的串联
与非指令	ANI	X、Y、M、S、T、C	单个常闭接点的串联
或指令	OR	X、Y、M、S、T、C	单个常开接点的并联
或非指令	ORI	X、Y、M、S、T、C	单个常闭接点的并联
或块指令	ORB	无	串联电路块的并联连接
与块指令	ANB	无	并联电路块的串联连接
主控指令	MC	Y、M	公共串联接点的连接
主控复位指令	MCR	Y、M	MC 的复位
置位指令	SET	Y、M、S	使动作保持
复位指令	RST	Y、M、S、D、V、Z、T、C	使保持复位
上升沿产生脉冲指令	PLS	Y、M	输入信号上升沿产生脉冲输出
下降沿产生脉冲指令	PLF	Y、M	输入信号下降沿产生脉冲输出
空操作指令	NOP	无	使步序作空操作
程序结束指令	END	无	程序结束

(1) 线圈驱动指令 LD、LDI、OUT。

· LD：取指令，表示一个与输入母线相连的常开接点指令，即常开接点逻辑运算起始。

· LDI：取反指令，表示一个与输入母线相连的常闭接点指令，即常闭接点逻辑运算起始。

· OUT：线圈驱动指令，也叫输出指令。

LD、LDI 两条指令的目标元件是 X、Y、M、S、T、C，用于将接点接到母线上，也可以与 ANB 指令、ORB 指令配合使用，在分支起点也可使用。

OUT 是驱动线圈的输出指令，它的目标元件是 Y、M、S、T、C。对输入继电器 X 不能使用。OUT 指令可以连续多次使用。

LD、LDI 是一个程序步指令，这里的一个程序步即一个字。OUT 是多程序步指令，要视目标元件而定。

(2) 接点串联指令 AND、ANI。

· AND：与指令，用于单个常开接点的串联。

· ANI：与非指令，用于单个常闭接点的串联。

AND 与 ANI 都是一个程序步指令，其串联接点的个数没有限制，也就是说这两条指令可以多次重复使用。

在 OUT 指令后，通过接点对其他线图使用 OUT 指令，称为纵接输出或连续输出，连续输出如果顺序未错则可以多次重复。

(3) 接点并联指令 OR、ORI。

· OR：或指令，用于单个常开接点的并联。

· ORI：或非指令，用于单个常闭接点的并联。

OR 与 ORI 指令都是一个程序步指令，它们的目标元件是 X、Y、M、S、T、C。这两条指令都是并联一个接点。需要两个以上接点串联连接电路块的并联连接时，要用 ORB 指令。

(4) 串联电路块的并联连接指令 ORB。

两个或两个以上的接点串联连接的电路叫串联电路块。串联电路块并联连接时，分支开始用 LD、LDI 指令，分支结果用 ORB 指令。ORB 指令与 ANB 指令均为无目标元件指令，而两条无目标元件指令的步长都为一个程序步。ORB 指令有时也简称或块指令。

ORB 指令的使用方法有两种：一种是在要并联的每个串联电路块后加 ORB 指令；另一种是集中使用 ORB 指令。对于前者分散使用 ORB 指令时，并联电路块的个数没有限制；但对于后者集中使用 ORB 指令时，这种电路块并联的个数不能超过 8 个。

(5) 并联电路块的串联连接指令 ANB。

两个或两个以上接点并联的电路称为并联电路块。分支电路并联电路块与前面电路串联连接时，使用 ANB 指令。分支的起点用 LD、LDI 指令，并联电路块结束后，使用 ANB 指令与前面电路串联。ANB 指令也简称与块指令。ANB 也无操作目标元件，是一个程序步指令。

(6) 主控及主控复位指令 MC、MCR。

MC 为主控指令，用于公共串联接点的连接，MCR 叫主控复位指令，即 MC 的复位指令。在编程时，经常遇到多个线圈同时受一个或一组接点控制，如果在每个线圈的控制电路中都串入同样的接点，将多占用存储单元，应用主控指令可以解决这一问题。使用主控指令的接点称为主控接点，它在梯形图中与一般的接点垂直。它们是与母线相连的常开接点，是控制一组电路的总开关。

MC 指令是 3 程序步，MCR 指令是 2 程序步，两条指令的操作目标元件是 Y、M，但不允许使用特殊辅助继电器 M。与主控接点相连的接点必须用 LD 或 LDI 指令。使用 MC 指令后，母线移到主控接点的后面，MCR 指令使母线回到原来的位置。在 MC 指令内再使用 MC 指令时嵌套级 N 的编号(0~7)顺序增大，返回时用 MCR 指令，从大的嵌套级开始解除。

(7) 置位与复位指令 SET、RST。

SET 为置位指令，使动作保持；RST 为复位指令，使操作保持复位。SET 指令的操作目标元件为 Y、M、S。RST 指令的操作目标元件为 Y、M、S、D、V、Z、T、C。这两条指令是 1～3 程序步。RST 指令可以对定时器、计数器、数据寄存器、变址寄存器的内容清零。

(8) 脉冲输出指令 PLS、PLF。

PLS 指令在输入信号上升沿产生脉冲输出，而 PLF 指令在输入信号下降沿产生脉冲输出，这两条指令都是 2 程序步，它们的目标元件是 Y 和 M，但特殊辅助继电器不能作目标元件。使用 PLS 指令，元件 Y、M 仅在驱动输入接通后的一个扫描周期内动作；使用 PLF 指令，元件 Y、M 仅在驱动输入断开后的一个扫描周期内动作。

(9) 空操作指令 NOP。

NOP 指令是一条无动作、无目标元件的 1 程序步指令。空操作指令使该步序作空操作。用 NOP 指令替代已写入指令，可以改变电路。在程序中加入 NOP 指令，在改动或追加程序时可以减少步序号的改变。

(10) 程序结束指令 END。

END 是一条无目标元件的 1 程序步指令。PLC 反复进行输入处理、程序运算、输出处理，若在程序最后写入 END 指令，则 END 以后的程序步就不再执行，直接进行输出处理。在程序调试过程中，插入 END 指令，可以顺序扩大对各程序段的检查。采用 END 指令将程序划分为若干段，在确认处理前面电路块的动作正确无误之后，依次删去 END 指令。

3. 功能指令

FX 系列 PLC 中除了用于开关量运算的基本指令外，还有用于处理数据传送、比较、四则运算的功能指令。功能指令一般用指令的英文名称或缩写作为助记符，如 BMOV 的英文为 Block Move。有的功能指令没有操作数，大多数功能指令有 1～4 个操作数。PLC 功能指令如表 3-1-3 所示。

表 3-1-3　PLC 功能指令

指令助记符	指令号	含义	指令助记符	指令号	含义
CJ	0	条件跳转	INC	24	BIN 加 1
IRET	3	中断返回	DEC	25	BIN 减 1
EI	4	中断元件	WAND	26	BIN 逻辑 "与"
DI	5	禁止中断	WOR	27	逻辑 "或"
FEND	6	主程序结束	WXOR	28	异或
WDT	7	警戒定时器刷新	SFTR	34	位右移
FOR	8	循环区起点	SFTL	35	位左移
NEXT	9	循环区结束	ZRST	40	区间复位
CMP	10	比较	DECO	41	解码

指令助记符	指令号	含义	指令助记符	指令号	含义
ZCP	11	区间比较	ENCO	42	编码
MOV	12	传送	REF	50	I/O 刷新
BMOV	15	批传送	HSCS	53	比较置位(高速计数器)
BCD	18	BIN→BCD 转换	HSCR	54	比较复位(高速计数器)
BIN	19	BCD→BIN 转换	PLSY	57	脉冲序列输出
ADD	20	BIN 加	PWM	58	脉宽调制(只能用一次)
SUB	21	BIN 减	IST	60	置初始状态(只能用一次)
MUL	22	BIN 乘法	ALT	66	交替输出
DIV	23	BIN 除法	RAMP	67	斜坡信号

3.1.3　PLC 编程语言

所谓程序编制,就是用户根据控制对象的要求,利用 PLC 厂家提供的程序编制语言,将一个控制要求描述出来的过程。PLC 最常用的编程语言是梯形图语言和指令语句表语言,且两者常常联合使用。

1. 梯形图

梯形图是一种从继电接触控制电路演变而来的图形语言。它是借助类似于继电器的动合、动断触点、线圈以及串、并联等术语和符号,根据控制要求连接而成的表示 PLC 输入和输出之间逻辑关系的图形,直观易懂。梯形图中的┤├和┤/├符号分别表示 PLC 编程元件的动断和动合接点;用( )表示它们的线圈。梯形图中编程元件的种类用图形符号及标注的字母或数加以区别。梯形图的设计应注意以下几点:

(1) 触点的安排。梯形图的触点应画在水平线上,不能画在垂直分支上。

(2) 串、并联的处理。在有几个串联回路相并联时,应将触点最多的那个串联回路放在梯形图最上面。在有几个并联回路相串联时,应将触点最多的并联回路放在梯形图的最左面。

(3) 线圈的安排。不能将触点画在线圈右边,只能在触点的右边接线圈。

(4) 不准双线圈输出。如果在同一程序中同一元件的线圈使用两次或多次,称为双线圈输出。这时前面的输出无效,只有最后一次才有效,所以不应出现双线圈输出。

(5) 梯形图按从左到右、从上到下的顺序排列。每一逻辑行起始于左母线,然后是触点的串、并联连接,最后是线圈与右母线相连。

(6) 梯形图中每个梯级流过的不是物理电流,而是"概念电流",从左流向右,其两端没有电源。这个"概念电流"只是形象地描述用户程序执行中应满足线圈接通的条件。

(7) 输入继电器用于接收外部输入信号,而不能由 PLC 内部其他继电器的触点来驱动。因此,梯形图中只出现输入继电器的触点,而不出现其线圈。输出继电器输出程序执行结果给外部输出设备,当梯形图中的输出继电器线圈得电时,就有信号输出,但不是直接驱

动输出设备，而要通过输出接口的继电器、晶体管或晶闸管才能实现。输出继电器的触点可供内部编程使用。

(8) 重新编排电路。如果电路结构比较复杂，可重复使用一些触点画出它的等效电路，再进行编程就比较容易。

(9) 编程顺序。对复杂的程序可先将程序分成几个简单的程序段，每一段从最左边触点开始，由上至下向右进行编程，再把程序逐段连接起来。

(10) 梯形图编程的步骤：

① 确定控制系统所需要的 I/O 点数，列出 I/O 地址分配表。

② 画出 PLC 外部 I/O 端子的电气接线图。

③ 编写梯形图控制程序。

④ 调试梯形图控制程序，并以文件形式保存梯形图控制程序。

2. 指令语句表

指令语句表是一种用指令助记符来编制 PLC 程序的语言，它类似于计算机的汇编语言，但比汇编语言易懂易学，若干条指令组成的程序就是指令语句表。一条指令语句是由步序、指令和作用元件编号三部分组成的。如图 3-1-2 所示是以 PLC 实现三相笼型异步电动机直接起/停控制为例的两种编程语言的表示方法。

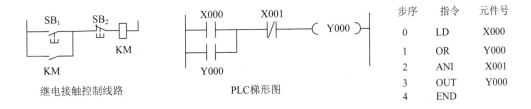

图 3-1-2　PLC 三相笼型异步电动机直接起/停控制的两种表示方法

3.2　GX Developer 编程软件操作简介

GX Developer 是三菱通用性较强的编程软件，它能够完成 Q 系列、QnA 系列、A 系列(包括运动控制 CPU)、FX 系列 PLC 梯形图、指令表、SFC 等的编辑。该编程软件能够将编辑的程序转换成 GPPQ、GPPA 格式的文档，当选择 FX 系列时，还能将程序存储为FXGP(DOS)、FXGP(WIN)格式的文档，以实现与 FX-GP/WIN-C 软件的文件互换。该编程软件能够将 Excel、Word 等软件编辑的说明性文字、数据，通过复制、粘贴等简单操作导入程序中，使软件的使用、程序的编辑更加便捷。此外，GX Developer 编程软件还具有以下特点：

(1) 操作简便。

① 标号编程。如果用标号编程制作程序，就不需要认识软元件的号码，而能够根据标示值做成标准程序。用标号编程做成的程序能够依据汇编而作为实际的程序来使用。

② 功能块。功能块是以提高顺序程序的开发效率为目的而开发的。把开发顺序程序时

反复使用的顺序程序回路块零件化，使得顺序程序的开发变得容易；此外，零件化后，能够防止将其运用到别的顺序程序时出现顺序输入错误。

③ 宏。只要在任意的回路模式上加上名字(宏定义名)登录(宏登录)到文档，然后输入简单的命令，就能够读出登录过的回路模式，变更软元件就能够灵活利用了。

(2) 能够用各种方法与可编程控制器 CPU 连接。

① 经由串行通信口与可编程控制器 CPU 连接；

② 经由 USB 接口与可编程控制器 CPU 连接；

③ 经由 MELSEC NET/10(H)与可编程控制器 CPU 连接；

④ 经由 MELSEC NET(II)与可编程控制器 CPU 连接；

⑤ 经由 CC-Link 与可编程控制器 CPU 连接；

⑥ 经由 Ethernet 与可编程控制器 CPU 连接；

⑦ 经由计算机接口与可编程控制器 CPU 连接。

(3) 具有调试功能。

① 由于软件中有梯形图逻辑测试功能，故能够更加简单地进行调试作业。通过该软件可进行模拟在线调试，不需要与可编程控制器连接。

② 在帮助菜单中有 CPU 出错信息、特殊继电器/特殊寄存器的说明等内容，所以对于在线调试过程中发生错误，或者是程序编辑中想知道特殊继电器/特殊寄存器的内容的情况下，通过帮助菜单可非常简便地查询到相关信息。

③ 程序编辑过程中发生错误时，软件会提示错误信息或错误原因，所以能大幅度缩短程序编辑的时间。

1. GX Developer 编程软件和 FX 专用编程软件的不同点

这里主要就 GX Developer 编程软件和 FX 专用编程软件操作使用的不同进行简单说明。

(1) 软件适用范围不同。FX-GP/WIN-C 编程软件为 FX 系列可编程控制器的专用编程软件，而 GX Developer 编程软件适用于 Q 系列、QnA 系列、A 系列(包括运动控制 CPU)、FX 系列所有类型的可编程控制器。需要注意的是，使用 FX-GP/WIN-C 编程软件编辑的程序能够在 GX Developer 中运行，但是使用 GX Developer 编程软件编辑的程序并不一定能在 FX-GP/WIN-C 编程软件中打开。

(2) 操作运行不同。

① 步进梯形图命令(STL、RET)的表示方法不同。

② GX Developer 编程软件编辑中新增加了监视功能。监视功能包括回路监视、软元件同时监视、软元件登录监视机能。

③ GX Developer 编程软件编辑中新增加了诊断功能，如可编程控制器 CPU 诊断、网络诊断、CC-Link 诊断等。

④ FX-GP/WIN-C 编程软件中没有 END 命令，程序依然可以正常运行，而 GX Developer 在程序中强制插入了 END 命令，否则不能运行。

2. 操作界面

如图 3-2-1 所示为 GX Developer 编程软件的操作界面。该操作界面中各组成部分的具体功能如表 3-2-1 所示。这里需要特别注意的是，在 FX-GP/WIN-C 编程软件里称编辑的程

序为文件，而在 GX Developer 编程软件中称之为工程。

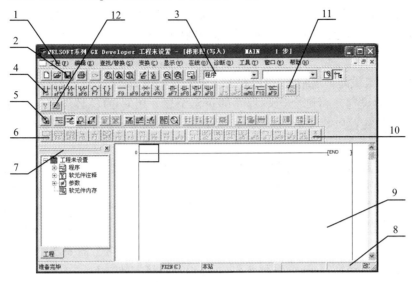

图 3-2-1　GX Developer 编程软件操作界面

表 3-2-1　操作界面各组成部分的功能

序号	名称	内　容
1	下拉菜单	包含工程、编辑、查找/替换、交换、显示、在线、诊断、工具、窗口、帮助，共 10 个菜单
2	标准工具条	由工程菜单、编辑菜单、查找/替换菜单、在线菜单、工具菜单中常用的功能组成
3	数据切换工具条	可在程序菜单、参数、注释、编程元件内存这 4 个项目间切换
4	梯形图标记工具条	包含梯形图编辑所需要使用的常开触点、常闭触点、应用指令等内容
5	程序工具条	可进行梯形图模式、指令表模式的转换，以及读出模式、写入模式、监视模式、监视写入模式的转换
6	SFC 工具条	可对 SFC 程序进行块变换、块信息设置、排序、块监视操作
7	工程参数列表	显示程序、编程元件注释、参数、编程元件内存等内容，可实现这些项目的数据的设定
8	状态栏	提示当前的操作，即显示 PLC 类型以及当前操作状态等
9	操作编辑区	完成程序的编辑、修改、监控等的区域
10	SFC 符号工具条	包含 SFC 程序编辑所需要使用的步、块启动步、选择合并、平行等功能键
11	编程元件内存工具条	进行编程元件的内存的设置
12	注释工具条	可进行注释范围设置或对公共/各程序的注释进行设置

与 FX-GP/WIN-C 编程软件的操作界面相比，该软件取消了功能图、功能键，并将这两部分内容合并，作为梯形图标记工具条；新增加了工程参数列表、数据切换工具条、注释工具条等。这样，友好、直观的操作界面使操作更加简便。

3. 参数设定

(1) PLC 参数设定。通常选定 PLC 后，在开始程序编辑前都需要根据所选择的 PLC 进行必要的参数设定，否则会影响程序的正常编辑。PLC 的参数设定包含 PLC 名称设定、PLC 系统设定、PLC 文件设定等 12 项内容，不同型号的 PLC 需要设定的内容是有区别的。

(2) 远程密码设定。Q 系列 PLC 能够进行远程链接，因此，为了防止因非正常的远程链接而造成恶意的程序破坏、参数修改等事故的发生，Q 系列 PLC 可以设定密码。左键双击工程数据列表中远程口令选项，如图 3-2-2 所示，打开远程口令设定窗口，即可设定口令以及口令有效的模块。口令为 4 个字符，有效字符为 A~Z、a~z、0~9、@、!、#、$、%、&、/、*、,、.、。、〈、〉、?、{、}、|、[、]、:、=、"、-、~。这里需要注意的是，当变更连接对象或变更 PLC 类型时(PLC 系列变更)，远程密码将失效。

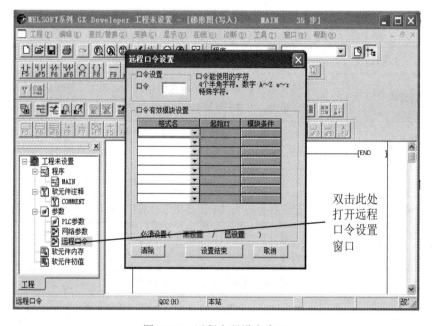

图 3-2-2　远程密码设定窗口

4. 梯形图编辑

梯形图在编辑时的基本操作步骤和操作的含义与 FX-GP/WIN-C 编程软件类似，但在操作界面和软件的整体功能方面有了很大的提升。在使用 GX Developer 编程软件进行梯形图基本功能操作时，可以参考 FX-GP/WIN-C 编程软件的操作步骤进行。

1) 梯形图的创建

该操作主要是执行梯形图的创建和输入操作，在 GX Developer 中创建如图 3-2-3 所示的梯形图。

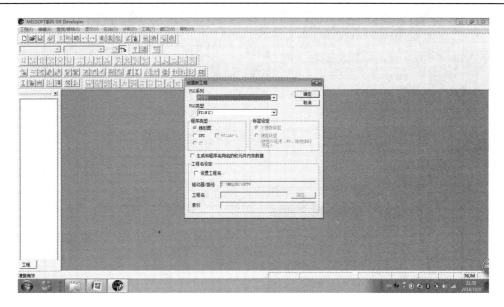

图 3-2-3　创建新工程

2) 规则线操作

(1) 规则线插入，操作步骤如下：

① 选择"编辑"菜单中的"划线写入"项或按 F10 键，如图 3-2-4 所示。

图 3-2-4　插入规则线

② 将光标移至梯形图中需要插入规则线的位置。

③ 按住鼠标左键并移动到规则线终止位置。

(2) 规则线删除，操作步骤如下：

① 选择"编辑"菜单中的"划线写入"项或按 F10 键，如图 3-2-5 所示。

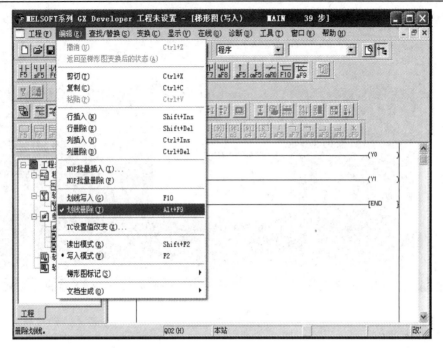

图 3-2-5　删除规则线

② 将光标移至梯形图中需要删除的规则线的位置。

③ 按住鼠标左键并移动到规则线终止位置。

3) 标号程序

(1) 标号编程简介。标号编程是 GX Developer 编程软件中新添加的功能，通过标号编程用宏制作顺控程序能够使程序标准化，此外，能够与实际的程序同样地进行回路制作和监视操作。标号编程与普通的编程方法相比主要有以下几个优点：

① 可根据机器的构成方便地改变其编程元件的配置，从而能够简单地被其他程序使用。

② 即使不明白机器的构成，通过标号也能够编程，当决定了机器的构成以后，通过合理配置标号和实际的编程元件就能够简单地生成程序。

③ 只要指定标号分配方法，就可以不用在意编程元件/编程元件号码，只用编译操作来自动地分配编程元件。

④ 因为使用标号名就能够实行程序的监控调试，所以能够高效率地实行监视。

(2) 标号程序的编制流程。标号程序的编制只能在 QCPU 或 QnACPU 系列 PLC 中进行，在编制过程中首先需要进行 PLC 类型指定、标号程序指定、设定变量等操作。

5. 查找及注释

1) 查找/替代

与 FX-GP/WIN-C 编程软件一样，GX Developer 编程软件也为用户提供了查找功能，相比之下，后者的使用更加方便。如图 3-2-6 所示，查找功能可以通过以下两种方式来实现：通过点选"查找/替换"下拉菜单选择查找指令；在编辑区单击鼠标右键，在弹出的快捷工具栏中选择查找指令。

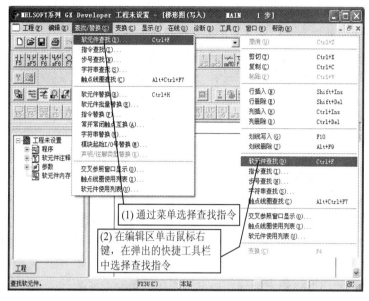

图 3-2-6　选择查找指令的两种方式

　　此外，该软件还新增了替换功能，这为程序的编辑、修改提供了极大的便利。因为查找功能与 FX-GP/WIN-C 编程软件的查找功能基本一致，所以，这里着重介绍一下替换功能的使用。

　　"查找/替换"菜单中的替换功能根据替换对象不同，可分为软元件替换、指令替换、常开常闭触点互换、字符串替换等。下面介绍常用的几个替换功能。

　　(1) 软元件替换。通过该指令的操作，可以用一个或连续几个元件把旧元件替换掉，在实际操作过程中，可根据用户的需要或操作习惯对替换点数、查找方向等进行设定。

　　其操作步骤如下：

　　① 选择"查找/替换"菜单中相关的元件替换项，弹出编程元件替换窗口，如图 3-2-7 所示。

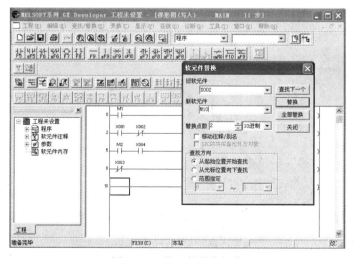

图 3-2-7　软元件替换操作

② 在"旧软元件"一栏中输入将被替换的元件名。

③ 在"新软元件"一栏中输入新的元件名。

④ 根据需要，对"查找方向""替换点数""数据类型"等进行设置。

⑤ 执行替换操作，可完成全部替换、逐个替换、选择替换。

说明：

① 替换点数：如，当在"旧软元件"一栏中输入"X002"，在"新软元件"一栏中输入"M10"且替换点数设定"为"3"时，执行该操作的结果是"X002"替换为"M10"，"X003"替换为"M11"，"X004"替换为"M12"。此外，设定替换点数时可选择输入的数据为十进制或十六进制的。

② 移动注释/别名：在替换过程中可以选择注释/别名不跟随旧元件移动，而是留在原位成为新元件的注释/别名。当选中该选项时，则说明注释/别名将跟随旧元件移动。

③ 查找方向：有"从起始位置开始查找""从光标位置向下查找""范围指定"三个选项。

(2) 指令替换。通过该指令的操作可以用一个新的指令把旧指令替换掉。在实际操作过程中，可根据用户的需要或操作习惯进行替换类型、查找方向的设定，如图 3-2-8 所示。

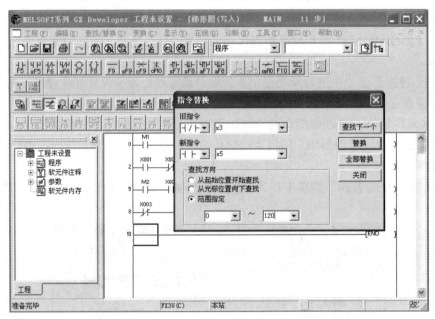

图 3-2-8　指令替换操作

其操作步骤如下：

① 选择"查找/替换"菜单中"指令替换"项，弹出"指令替换"窗口。

② 选择旧指令的类型(常开、常闭)，输入元件名。

③ 选择新指令的类型，输入元件名。

④ 根据需要可以对查找方向、查找范围进行设置。

⑤ 执行替换操作，可完成全部替换、逐个替换、选择替换。

(3) 常开常闭触点互换。该指令的操作可以将一个或连续若干个编程元件的常开、常

闭触点进行互换，该操作为编程的修改、编程程序的通过提供了极大的方便，避免了个别编程元件的遗漏，如图 3-2-9 所示。

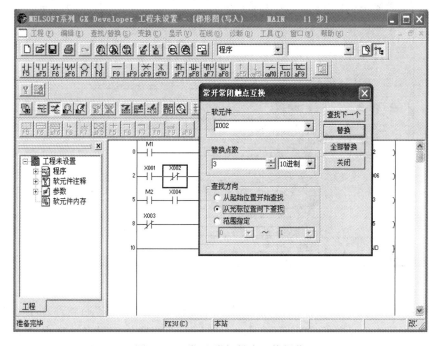

图 3-2-9　常开/常闭触点互换操作

其操作步骤如下：

① 选择"查找/替换"菜单中的"常开常闭触点互换"项，弹出"常开常闭触点互换"窗口。

② 输入元件名。

③ 根据需要对"查找方向""替换点数"等进行设置。这里的"替换点数"与软元件替换中的"替换点数"的使用和含义是相同的。

④ 执行替换操作，可完成全部替换、逐个替换、选择替换。

2) 注释/别名

在梯形图中引入"注释/别名"，用户可以更加直观地了解各软元件在程序中所起的作用。下面介绍怎样编辑元件的注释以及别名。

(1) 注释/别名的输入如图 3-2-10 所示，操作步骤如下：

① 单击"显示"菜单，选择"工程数据列表"项，则打开工程数据列表窗口。也可按"Alt+O"组合键打开、"Alt+C"组合键关闭工程数据列表。

② 在工程数据列表中单击"软件元件注释"选项，显示 COMMENT(注释)选项，双击该选项。

③ 显示注释编辑界面。

④ 在"软元件名"一栏中输入要编辑的元件名，单击"显示"按钮，界面就显示编辑对象。

⑤ 在注释/别名栏中输入欲说明的内容，即完成注释/别名的输入。

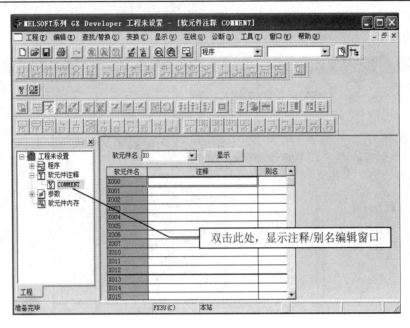

图 3-2-10　输入注释/别名

(2) 注释/别名的显示。用户定义完软件注释和别名后，如果没有将注释/别名显示功能开启，软件是不显示编辑好的注释/别名的，进行下面的操作可显示注释/别名，操作步骤如下：

① 单击"显示"菜单，选择"注释显示(也可按 Ctrl+F5 组合键)""别名显示(也可按 Alt+Ctrl+F6 组合键)"项，即可显示编辑好的注释/别名。

② 单击"显示"菜单，选择"注释显示形式"项，如图 3-2-11 所示。还可定义显示注释/别名字体的大小。

图 3-2-11　注释/别名显示操作

6. 在线监控与写入

GX Developer 软件提供了在线监控和写入的功能。

(1) 在线监控。所谓在线监控，主要就是通过 GX Developer 软件对当前各个软元件的运行状态和当前性质进行监控，GX Developer 软件的在线监控功能的操作方式与 FX-GP/WIN-C 软件的基本相同，但操作界面有所不同，在此不再赘述。

(2) 写入。其操作步骤如下：

① 打开计算机已经编写完成的 PLC 程序。

② 选择在线菜单并单击"在线写入"键，写入程序。

③ 等待几秒后即出现下一对话框，此时 PLC 程序进入写入状态，单击菜单中的"主程序"键，进入下一步。

④ 将计算机编好的程序存入 PLC 存储器中。

⑤ 运行 PLC 程序，观察结果，写出程序清单。

3.3　PLC 控制舞台灯光

1. 实验目的

用 PLC 构成舞台灯光控制系统。

2. 实验内容

(1) 控制要求：

按照"L1、L2、L9→L1、L5、L8→L1、L4、L7→L1、L3、L6→L1→L2、L3、L4、L5→L6、L7、L8、L9→L1、L2、L6→L1、L3、L7→L1、L4、L8→L1、L5、L9→L1→L2、L3、L4、L5→L6、L7、L8、L9→L1、L2、L9→L1、L5、L8"循环下去，如图 3-3-1 所示。

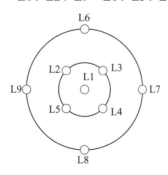

图 3-3-1　舞台灯光控制示意图

(2) I/O 分配：

输　入	输　出	
起动按钮：X0	L1：Y0	L6：Y5
停止按钮：X1	L2：Y1	L7：Y6
	L3：Y2	L8：Y7
	L4：Y3	L9：Y10
	L5：Y4	

(3) 输入相应的程序。

(4) 调试并运行程序。

3．舞台灯光控制语句表

舞台灯光控制语句表如下：

0	LD	X000	25	OUT	M2	50	OR	M113	75	OR	M114
1	OR	M1	26	LD	M0	51	OUT	Y001	76	OUT	Y006
2	AND	X001	27	FNC	35	52	LD	M104	77	LD	M102
3	OUT	M1	28	LD	M104	53	OR	M106	78	OR	M107
4	LD	M1	29	OR	M107	54	OR	M109	79	OR	M110
5	ANI	M0	30	OR	M108	55	OR	M113	80	OR	M114
6	OUT	T0	31	OR	M114	56	OUT	Y002	81	OUT	Y007
7	SP	K5	32	OUT	Y005	57	LD	M103	82	LD	M101
8			33	LD	M103	58	OR	M106	83	OR	M107
9	LD	T0	34	OR	M107	59	OR	M110	84	OR	M111
10	OUT	M0	35	OR	M109	60	OR	M113	85	OR	M114
11	LD	M1	36	OR	M114	61	OUT	Y003	86	OUT	Y010
12	OUT	T1	37	OR	M102	62	LD	M102	87	LDI	X001
13	SP	K10	38	OR	M103	63	OR	M106	88	FNC	40
14			39	OR	M104	64	OR	M111	89		M101
15	ANI	T1	40	OR	M105	65	OR	M113	90		M114
16	OUT	M10	41	OR	M108	66	OUT	Y004	91		
17	LD	M10	42	OR	M109	67	LD	M104	92		
18	OR	M2	43	OR	M110	68	OR	M107	93	END	
19	OUT	M100	44	OR	M111	69	OR	M108	94		
20	LD	M114	45	OR	M112	70	OR	M114	95		
21	OUT	T2	46	OUT	Y000	71	OUT	Y005	96		
22	SP	K5	47	LD	M101	72	LD	M103	97		
23			48	OR	M106	73	OR	M107	98		
24	ANI	T2	49	OR	M108	74	OR	M109	99		

4．舞台灯光控制梯形图

舞台灯光控制梯形图如图 3-3-2 所示。

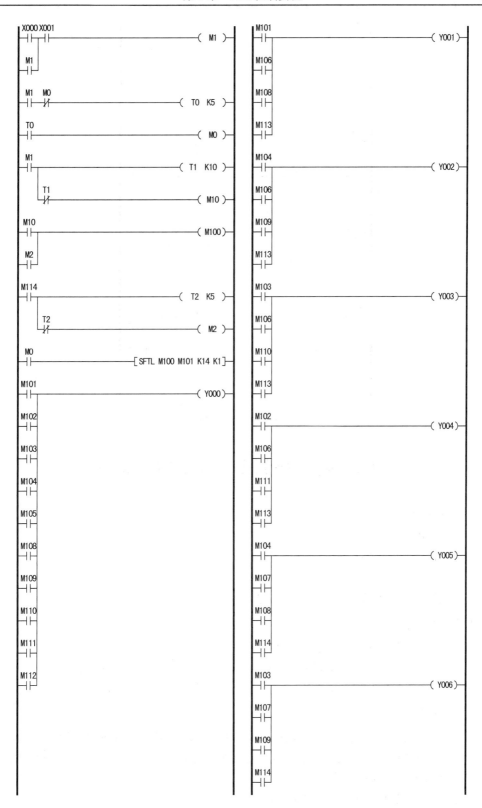

图 3-3-2　舞台灯光梯形图(1)

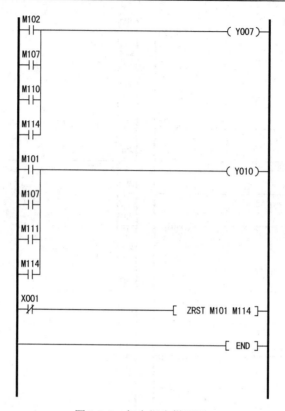

图 3-3-2　舞台灯光梯形图(2)

3.4　PLC 控制小车自动往返运动

1. 实验目的

(1) 熟悉 PLC 的使用。

(2) 熟悉 FX 系列 PLC 的基本逻辑指令，初步掌握 PLC 的编程。

(3) 熟悉 PLC 控制与继电器控制的区别。

(4) 掌握编程器或编程软件的使用方法。

2. 实验设备

(1) FX_{0N}、FX_{1N} 或 FX_{2N} 系列 PLC 一台；

(2) 安装有 GX Developer 编程软件的计算机一台，FX-20P-E 手持编程器一只；

(3) PLC-XC1 型小车运动系统一台，24 V 继电器，导线若干等。

3. 实验内容

小车运动控制要求：按下起动按钮 SB_1，小车起动，到达 SQ_4 时小车停止，延时 1 s 后小车向 SQ_1 方向运动；到达后延时 1 s，再向 SQ_4 方向运动，如此往复。小车自动往返的 PLC 控制梯形图如图 3-4-1 所示。

PLC 的输入/输出分配如表 3-4-1 所示。

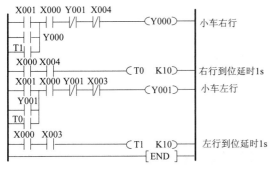

图 3-4-1　小车自动往返的 PLC 控制梯形图

表 3-4-1　PLC 的输入/输出分配

输入端子	输出端子	内部元件
小车起动：X1		
小车停止：X0	正转：Y0	T0：右行到位工作 1 s
右行行程：X4	反转：Y1	T1：左行到位工作 1 s
左行行程：X3		
过载保护：X6		

4. 实验注意事项

检查接线正确后，合上主电源，按下起动按钮进行实验，观察各交流接触器的动作情况及小车的变化。

5. 实验报告要求

分析说明实验原理，总结它们的动作结果。

3.5　PLC 控制喷泉的模拟实验

1. 实验目的

用 PLC 构成喷泉控制系统。

2. 实验内容

(1) 控制要求：

隔灯闪烁：L1 亮 0.5 s 后灭→L2 亮 0.5 s 后灭→L3 亮 0.5 s 后灭→L4 亮 0.5 s 后灭→L5、L9 亮 0.5 s 后灭→L6、L10 亮 0.5 s 后灭→L7、L11 亮 0.5 s 后灭→L8、L12 亮 0.5 s 后灭→L1 亮 0.5 s 后灭，依次循环，如图 3-5-1 所示。

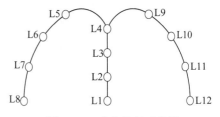

图 3-5-1　喷泉控制示意图

(2) I/O 分配：

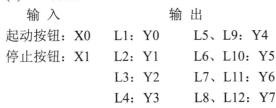

输　入		输　出	
起动按钮：X0	L1：Y0	L5、L9：Y4	
停止按钮：X1	L2：Y1	L6、L10：Y5	
	L3：Y2	L7、L11：Y6	
	L4：Y3	L8、L12：Y7	

(3) 输入相应的程序。

(4) 调试并运行程序。

3. 编写喷泉控制语句表

喷泉控制语句表的编写要求学生自己完成。

4. 画出喷泉控制梯形图

喷泉控制梯形图如图 3-5-2 所示。

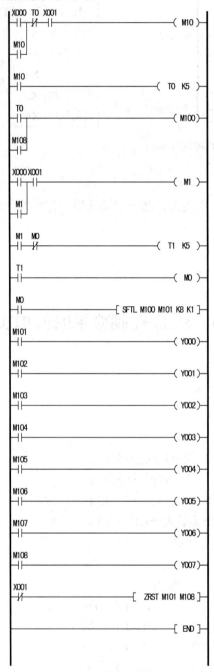

图 3-5-2　喷泉控制梯形图

5. 实验报告要求

(1) 写出本程序的调试步骤和观察结果。

(2) 用相关指令重新设计一个彩灯控制程序，并上机调试、观测实验结果。

3.6　PLC 控制交通灯

1. 实验目的

(1) 熟悉 FX 系列 PLC 的基本逻辑指令。

(2) 熟悉设计和调试程序的方法。

(3) 用 PLC 构成交通灯控制系统。

(4) 掌握编程器或编程软件的使用方法。

2. 实验设备

(1) FX_{0N}、FX_{1N} 或 FX_{2N} 系列 PLC 一台。

(2) 安装有 GX Developer 编程软件的计算机一台，FX-20P-E 手持编程器一只。

(3) PLC 交通灯控制模块一只。

3. 实验内容

(1) 控制要求。交通灯控制示意图如图 3-6-1 所示。起动后，南北红灯亮并维持 25 s。在南北红灯亮的同时，东西绿灯也亮，1 s 后，东西车灯即甲亮。到 20 s 时，东西绿灯闪亮，3 s 后熄灭，在东西绿灯熄灭后东西黄灯亮，同时甲灭。黄灯亮 2 s 后灭，东西红灯亮。与此同时，南北红灯灭，南北绿灯亮，1 s 后，南北车灯即乙亮。南北绿灯亮了 25 s 后闪亮，3 s 后熄灭，同时乙灭，黄灯亮 2 s 后熄灭，南北红灯亮，东西绿灯亮，依此循环。

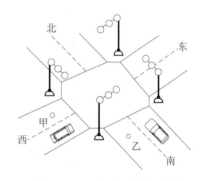

图 3-6-1　交通灯控制示意图

(2) I/O 分配及编程元件表。PLC 交通灯控制是一个时间控制程序。设计时可以选择一些定时器来表示这些时间，其触点实现各信号灯的输出控制规律。其 I/O 分配及编程元件如表 3-6-1 所示。

表 3-6-1　I/O 分配及编程元件

输入端子	输出端子	内部元件
交通灯工作开关：X0 交通灯停止开关：X1	南北红灯：Y0 南北黄灯：Y1 南北绿灯：Y2 东西红灯：Y3 东西黄灯：Y4 东西绿灯：Y5 南北车灯：Y6 东西车灯：Y7	T0：南北红灯工作 25 s T12：东西绿灯工作 1 s T6：东西车灯工作 20 s T22：东西绿灯闪烁 0.5 s T3：东西黄灯工作 2 s T1：东西红灯工作 25 s T2：南北黄灯工作 3 s T13：南北绿灯工作 1 s T4：南北车灯工作 30 s T23：南北绿灯闪烁 0.5 s T5：南北黄灯工作 2 s T7：南北黄灯闪烁工作 3 s

(3) PLC 交通灯控制参考梯形图。PLC 交通灯控制参考梯形图如图 3-6-2 所示。

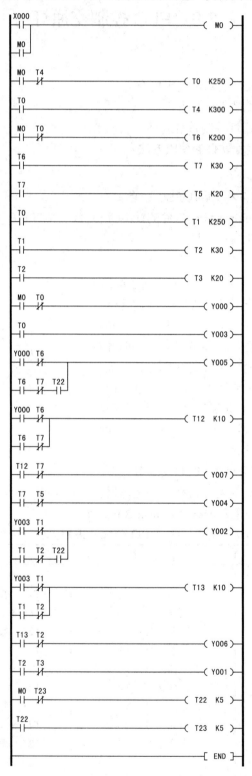

图 3-6-2　PLC 交通灯控制参考梯形图

4. 思考题

交通灯的控制程序能否用状态指令完成？

5. 实验报告要求

(1) 编写梯形图控制程序。

(2) 调试梯形图控制程序。

(3) 整理调试程序的步骤和调试中观察到的现象。

3.7　PLC 控制数码显示

1. 实验目的

(1) 通过调试程序，熟悉 FX 系列 PLC 移位指令和区间复位指令的设计和调试方法。

(2) 用 PLC 构成数码显示控制系统。

2. 实验设备

(1) FX_{0N}、FX_{1N} 或 FX_{2N} 系列 PLC 一台；

(2) PLC 数码显示控制模块一只。

3. 实验内容

(1) 控制要求：数码显示模块如图 3-7-1 所示，循环显示顺序为

a→b→c→d→e→f→g→h→ abcdef→bc→abdeg→abcdg→bcfg→acdfg→acdefg→abc→

abcdefg→abcdfg→a→b→c…

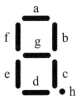

图 3-7-1　数码显示模块

(2) I/O 分配：PLC 数码显示控制 I/O 分配如表 3-7-1 所示。

表 3-7-1　I/O 分配

输入端子	输出端子
数码显示工作开关：X0 数码显示停止开关：X1	数码 a：Y0；数码 b：Y1 数码 c：Y2；数码 d：Y3 数码 e：Y4；数码 f：Y5 数码 g：Y6；数码 h：Y7

(3) 数码显示控制参考语句表：数码显示控制参考语句如表 3-7-2 所示。

表 3-7-2　数码显示控制参考语句

0	LD	X000	27	FNC	35	54	OR	M118	81	OUT	Y004
1	OR	M1	28		M100	55	OUT	Y001	82	LD	M106
2	AND	X001	29		M101	56	LD	M103	83	OR	M109
3	OUT	M1	30		K18	57	OR	M109	84	OR	M113
4	LD	M1	31		K1	58	OR	M110	85	OR	M114
5	LNI	M0	32			59	OR	M112	86	OR	M115
6	OUT	T0	33			60	OR	M113	87	OR	M117
7	SP	K20	34			61	OR	M114	88	OR	M118
8			35			62	OR	M115	89	OUT	Y005
9	LD	T0	36	LD	M101	63	OR	M116	90	LD	M107
10	OUT	M0	37	OR	M109	64	OR	M117	91	OR	M111
11	LD	M1	38	OR	M111	65	OR	M118	92	OR	M112
12	OUT	T1	39	OR	M112	66	OUT	Y002	93	OR	M113
13	SP	K30	40	OR	M114	67	LD	M104	94	OR	M114
14			41	OR	M115	68	OR	M109	95	OR	M115
15	ANI	T1	42	OR	M116	69	OR	M111	96	OR	M117
16	OUT	M10	43	OR	M117	70	OR	M112	97	OR	M118
17	LD	M10	44	OR	M118	71	OR	M114	98	OUT	Y006
18	OR	M2	45	OUT	Y000	72	OR	M115	99	LD	M108
19	OUT	M100	46	LD	M102	73	OR	M117	100	OUT	Y007
20	LD	M118	47	OR	M109	74	OR	M118	101	LDI	X001
21	OUT	T2	48	OR	M110	75	OUT	Y003	102	FNC	40
22	SP	K20	49	OR	M111	76	LD	M105	103		M101
23			50	OR	M112	77	OR	M109	104		M118
24	ANI	T2	51	OR	M113	78	OR	M111	105		
25	OUT	M2	52	OR	M116	79	OR	M115	106		
26	LD	M0	53	OR	M117	80	OR	M117	107	END	

(4) 调试并运行程序：画出数码显示控制梯形图，如图 3-7-2 所示，调试并运行程序。

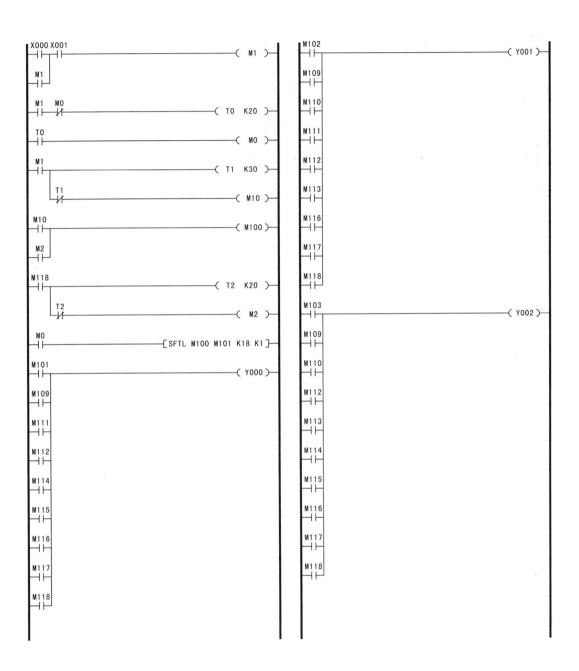

图 3-7-2　数码显示控制梯形图(1)

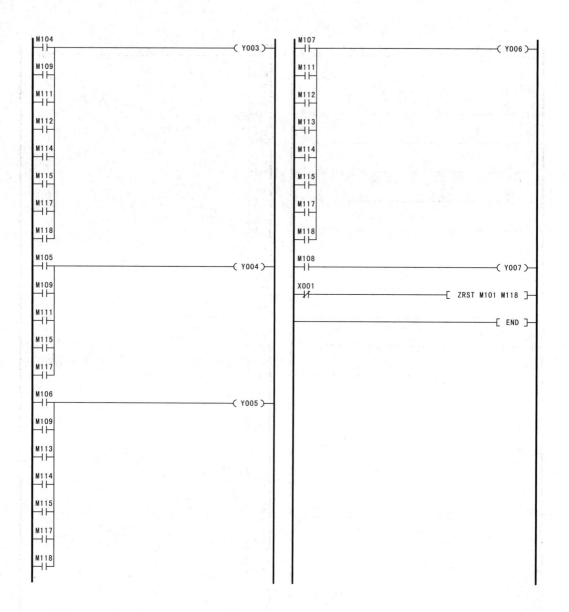

图 3-7-2 数码显示控制梯形图(2)

4. 实验报告要求

(1) 根据数码显示要求画出梯形图。

(2) 总结 PLC 的使用及应用。

3.8　PLC 控制天塔之光

1. 实验目的

用 PLC 构成天塔之光控制系统。

2. 实验内容

(1) 控制要求。如图 3-8-1 所示，按照以下顺序依次循环：

L12→L11→L10→L8→L1→L1、L2、L9→L1、L5、L8→L1、L4、L7→L1、L3、L6→
L1→L2、L3、L4、L5→L6、L7、L8、L9→L1、L2、L6→L1、L3、L7→L1、L4、L8→L1、
L5、L9→L1→L2、L3、L4、L5→L6、L7、L8、L9→L12→L11→L10 …

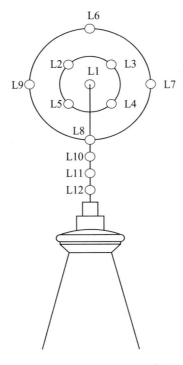

图 3-8-1　天塔之光控制示意图

(2) I/O 分配：

输　入	输　出	
起动按钮：X0	L1：Y0	L7：Y6
停止按钮：X1	L2：Y1	L8：Y7
	L3：Y2	L9：Y10
	L4：Y3	L10：Y11
	L5：Y4	L11：Y12
	L6：Y5	L12：Y13

(3) 输入相应的程序。

(4) 调试并运行程序。

3. 天塔之光控制语句表

天塔之光的控制语句如表 3-8-1 所示。

表 3-8-1　天塔之光控制语句

0	LD	X000	26	LD	M0	52	OUT	Y001	78	LD	M104
1	OR	M1	27	FNC	35	53	LD	M109	79	OR	M107
2	AND	X001	28		M100	54	OR	M111	80	OR	M112
3	OUT	M1	29		M101	55	OR	M114	81	OR	M115
4	LD	M1	30		K19	56	OR	M118	82	OR	M119
5	ANI	M0	31		K1	57	OUT	Y002	83	OUT	Y007
6	OUT	T0	32			58	LD	M108	84	LD	M106
7	SP	K5	33			59	OR	M111	85	OR	M112
8			34			60	OR	M115	86	OR	M116
9	LD	T0	35			61	OR	M118	87	OR	M119
10	OUT	M0	36	LD	M105	62	OUT	Y003	88	OUT	Y010
11	LD	M1	37	OR	M106	63	LD	M107	89	LD	M103
12	OUT	T1	38	OR	M107	64	OR	M111	90	OUT	Y011
13	SP	K10	39	OR	M108	65	OR	M116	91	LD	M102
14			40	OR	M109	66	OR	M118	92	OUT	Y012
15	ANI	T1	41	OR	M110	67	OUT	Y004	93	LD	M101
16	OUT	M10	42	OR	M113	68	LD	M109	94	OUT	Y013
17	LD	M10	43	OR	M114	69	OR	M112	95	LDI	X001
18	OR	M2	44	OR	M115	70	OR	M113	96	FNC	40
19	OUT	M100	45	OR	M116	71	OR	M119	97		M101
20	LD	M119	46	OR	M117	72	OUT	Y005	98		M119
21	OUT	T2	47	OUT	Y000	73	LD	M108	99		
22	SP	K5	48	LD	M106	74	OR	M112	100		
23			49	OR	M111	75	OR	M114	101	END	
24	ANI	T2	50	OR	M113	76	OR	M119	102		
25	OUT	M2	51	OR	M118	77	OUT	Y006	103		

4. 天塔之光控制梯形图

天塔之光控制梯形图如图 3-8-2 所示。

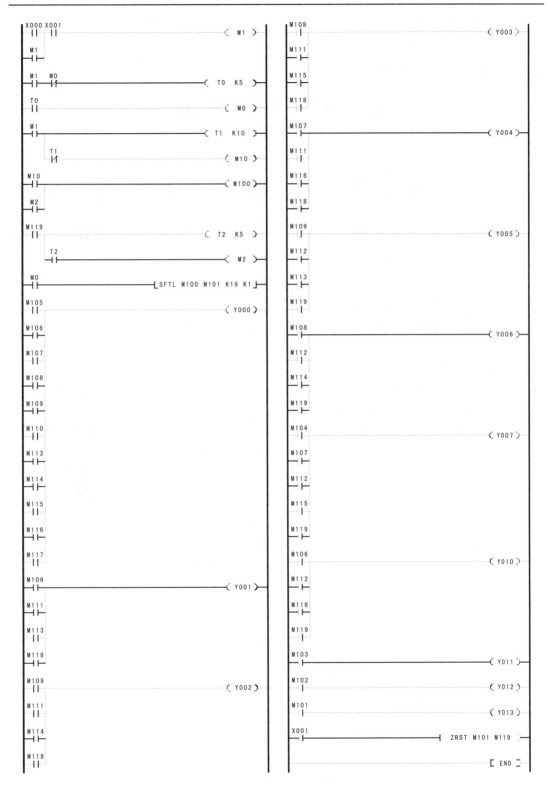

图 3-8-2　天塔之光控制梯形图

5. 实验报告要求

(1) 根据要求画出梯形图。

(2) 总结 PLC 的使用及应用。

3.9　PLC 控制温度和液位

1. 实验目的

(1) 掌握编程器或编程软件的使用方法。

(2) 通过实验熟悉可编程控制器，熟悉液位、温度等采用单片机模拟实际控制对象的动态过程。

(3) 掌握单回路控制系统的构成，熟悉 PID 参数对控制系统质量指标的影响，用可编程控制器模拟数字 PID 进行其参数的调整和自动控制的投入运行。

2. 实验设备

(1) FX_{0N}、FX_{1N} 或 FX_{2N} 系列 PLC 一台；

(2) 安装有 GX Developer 编程软件的计算机一台，FX-20P-E 手持编程器一只；

(3) 温度液位控制模块一块。

3. 实验内容

(1) 控制要求。温度液位的模拟控制示意图如图 3-9-1 所示。液位和温度采用的是一阶惯性的控制对象，其输出与输入的函数关系如图 3-9-2 所示。

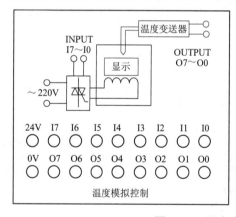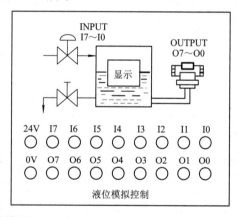

图 3-9-1　温度液位的模拟控制示意图

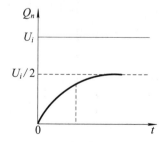

图 3-9-2　控制系统的输入与输出关系曲线

其模拟过程方程为

$$Q_{n+1} = Q_n + K_i U_i - K_n Q_n$$

式中，K_i 为输入给定值的时间常数，设置为 1/128。K_n 对于液位控制，是阀门输出给定的时间常数；对于温度控制，是维持温度平衡的冷却过程的时间常数，设置为 1/64。U_i 为给定输入量。Q_n 为第 n 次累加值。Q_{n+1} 为第 $n+1$ 次累加值。

注：每个模块中的上层为 8 个十六进制的输入口，下层为 8 个十六进制的输出口，而数码显示值是其真实输出值的 1/2.55 倍，显示为十进制数。例如：输出值是 80H，则其显示的值应该为十进制数 128/2.55，约为 50。

(2) I/O 分配。输入量为 00～07，PLC 输入端相对应于 X0～X7；PLC 输出端为 Y0～Y7，相对应于 I0～I7。接线时，X0～X7 为 PLC 的输入端，分别与模型的下层输出端 O0～O7 连接；Y0～Y7 为 PLC 的输出端，分别与模型的上层输入端 I0～I7 连接。

PLC 主机为三菱的时，输入、输出如上述接法，输入的共同端接 0 V，输出的共同端接+24 V。

PLC 主机为西门子或欧姆龙的时，输入、输出如上述接法，输入的共同端接+24 V，输出的共同端接+24 V。

(3) 温度和液位控制梯形图。PLC 温度液位控制梯形图如图 3-9-3 所示。

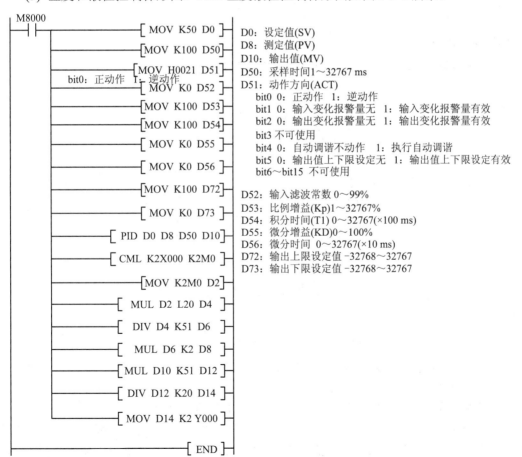

图 3-9-3　PLC 温度和液位控制梯形图

(4) 调试并运行程序。

4. 实验报告要求

(1) 根据梯形图写出控制程序。

(2) 整理调试程序的步骤和调试中观察到的现象。

3.10　PLC 控制三相步进电动机

1. 实验目的

(1) 通过调试程序，熟悉 FX 系列 PLC 脉冲指令和转移指令的设计与调试方法。

(2) 掌握编程器或编程软件的使用方法。

(3) 用 PLC 构成三相步进电动机控制系统。

2. 实验设备

(1) FX_{0N}、FX_{1N} 或 FX_{2N} 系列 PLC 一台；

(2) 安装有 GX Developer 编程软件的计算机一台，FX-20P-E 手持编程器一只；

(3) 三相步进电动机控制模块一台；

(4) 导线若干。

3. 实验内容

(1) 控制要求。图 3-10-1 为三相步进电动机控制示意图。

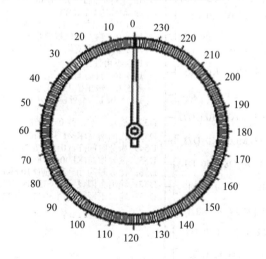

图 3-10-1　三相步进电动机控制示意图

当钮子开关拨到单步时，必须每按一次起动按钮，电动机才能旋转一个角度；当钮子开关拨到连续时，按一次起动按钮，电动机旋转，直到按停止按钮；当钮子开关拨到三拍时，旋转的角度为 3°；当钮子开关拨到六拍时，旋转的角度为 1.5°；当钮子开关拨到正转时，按顺时针旋转；当钮子开关拨到反转时，按逆时针旋转；当单步要转到连续、连续要单步连续、三拍要转到六拍、六拍要转到三拍、正转要转到反转或反转要转到正转时，均可以通过停止转换，也可以直接转换(通过编程)。

(2) I/O 分配。PLC 三相步进电动机控制 I/O 分配如表 3-10-1 所示。

表 3-10-1　I/O 分配

输入端子		输出端子
步进电动机工作开关：X0		
步进电动机停止开关：X1		步进电动机绕组 A2：Y2
正转：X2　　反转：X3		步进电动机绕组 B2：Y3
三拍：X4　　六拍：X5		步进电动机绕组 C2：Y4
单步：X6　　连续：X7		

(3) 三相步进电机参考控制语句如下：

0	LD	X000	28	OR	M104	56			84	LD	M212
1	OR	M1	29	OR	M114	57			85	OR	M213
2	AND	X001	30	OR	M207	58			86	OR	M214
3	OUT	M1	31	OR	M217	59	LD	M0	87	OR	M215
4	LD	M1	32	OUT	M100	60	AND	X003	88	OR	M216
5	ANI	M0	33	LD	M102	61	ANI	X006	89	OR	M217
6	OUT	T0	34	OR	M103	62	AND	X007	90	OUT	M218
7	SP	K1	35	OR	M104	63	AND	X004	91	LD	M0
8			36	OUT	M108	64	ANI	X005	92	AND	X002
9	LD	T0	37	LD	M112	65	ANI	M108	93	ANI	X006
10	OUT	M0	38	OR	M113	66	ANI	M208	94	AND	X007
11	LD	M1	39	OR	M114	67	ANI	M218	95	AND	X005
12	MPS		40	OUT	M118	68	FNC	35	96	ANI	X004
13	ANI	T1	41	LD	M0	69		M100	97	ANI	M108
14	OUT	M2	42	AND	X002	70		M112	98	ANI	M118
15	MPP		43	ANI	X006	71		K3	99	ANI	M218
16	OUT	T1	44	AND	X007	72		K1	100	FNC	35
17	SP	K2	45	AND	X004	73			101		M100
18			46	ANI	X005	74			102		M202
19	PLS	M99	47	ANI	M118	75			103		K6
20			48	ANI	M208	76			104		K1
21	LD	M99	49	ANI	M218	77	LD	M202	105		
22	OR	M104	50	FNC	35	78	OR	M203	106		
23	OR	M114	51		M100	79	OR	M204	107		
24	OR	M207	52		M102	80	OR	M205	108		
25	OR	M217	53		K3	81	OR	M206	109	LD	M0
26	OUT	M101	54		K1	82	OR	M207	110	AND	X003
27	LD	M2	55			83	OUT	M208	111	ANI	X006

续表

112	AND	X007	143		K1	174	ANI	M218	205	OR	M203
113	AND	X005	144			175	FNC	35	206	OR	M207
114	ANI	X004	145			176		M101	207	OR	M212
115	ANI	M108	146			177		M202	208	OR	M213
116	ANI	M118	147			178		K6	209	OR	M217
117	ANI	M208	148	LD	M3	179		K1	210	OUT	Y002
118	FNC	35	149	AND	X003	180			211	LD	M104
119		M100	150	ANI	X007	181			212	OR	M113
120		M212	151	AND	X006	182			213	OR	M205
121		K6	152	AND	X004	183			214	OR	M206
122		K1	153	ANI	X005	184	LD	M3	215	OR	M207
123			154	ANI	M108	185	AND	X003	216	OR	M213
124			155	ANI	M208	186	ANI	X007	217	OR	M214
125			156	ANI	M218	187	AND	X006	218	OR	M215
126			157	FNC	35	188	AND	X005	219	OUT	Y003
127	LD	X000	158		M101	189	ANI	X004	220	LD	M103
128	PLS	M3	159		M112	190	ANI	M108	221	OR	M114
129			160		K3	191	ANI	M118	222	OR	M203
130	LD	M3	161		K1	192	ANI	M208	223	OR	M204
131	AND	X002	162			193	FNC	35	224	OR	M205
132	ANI	X007	163			194		M101	225	OR	M215
133	AND	X006	164			195		M212	226	OR	M216
134	AND	X004	165			196		K6	227	OR	M217
135	ANI	X005	166	LD	M3	197		K1	228	OUT	Y004
136	ANI	M108	167	AND	X002	198			229	LDI	X001
137	ANI	M118	168	ANI	X007	199			230	FNC	40
138	ANI	M208	169	AND	X006	200			231		M0
139	FNC	35	170	AND	X005	201			232		M300
140		M101	171	ANI	X004	202	LD	M102	233		
141		M102	172	ANI	M108	203	OR	M112	234		
142		K3	173	ANI	M118	204	OR	M202	235		END

(4) 调试并运行程序。

4. 实验报告要求

写出本程序的调试步骤和观察结果。

3.11　PLC 控制三层电梯的模拟实验

1. 实验目的

用 PLC 构成三层电梯控制系统。

2. 实验内容

(1) 控制要求。把可编程控制器拨向 RUN 后，按其他按钮都无效，只有按 SQ_1 才有效，E1 亮，表示电梯原始层在一层。

电梯停留在一层：

① 按 SB_5 或 $SB_6(SB_2)$，电梯上升，按 SQ_2，E_1 灭，E_2 亮，上升停止。

② 按 $SB_7(SB_3)$，电梯上升，按 SQ_3 无反应，应先按 SQ_2，E_1 灭，E_2 亮，电梯仍上升，再按 SQ_3，E_2 灭，E_3 亮，电梯停止。

③ 按 SB_5、$SB_7(SB_3)$，电梯上升，按 SQ_2，E_1 灭，E_2 亮，电梯仍上升，按 SQ_3，E_2 灭，E_3 亮，电梯停止 2 s 后下降，按 SQ_2，E_3 灭，E_2 亮，电梯停止。

④ 按 $SB_6(SB_2)$、$SB_7(SB_3)$，电梯上升，按 SQ_2，E_1 灭，E_2 亮，电梯停止 2 s 后上升，按 SQ_3，E_2 灭，E_3 亮，电梯停止。

⑤ 按 SB_5、$SB_6(SB_2)$、$SB_7(SB_3)$，电梯上升，按 SQ_2，E_1 灭，E_2 亮，电梯停止 2 s 后上升，按 SQ_3，E_2 灭，E_3 亮，电梯停止 2 s 后下降，按 SQ_2，E_3 灭，E_2 亮，电梯停止。

电梯停留在二层：

① 按 $SB_7(SB_3)$，电梯上升，反方向呼叫无效，按 SQ_3，E_2 灭，E_3 亮，电梯停止。

② 按 $SB_3(SB_1)$，电梯下降，反方向呼叫无效，按 SQ_1，E_2 灭，E_1 亮，电梯停止。

电梯停留在三层的情况跟停留在一层的情况类似。

(2) I/O 分配：

输　入	输　出
内呼一层 SB_1：X1	一层指示灯 E_1：Y1
内呼二层 SB_2：X2	二层指示灯 E_2：Y2
内呼三层 SB_3：X3	三层指示灯 E_3：Y3
一层上呼 SB_4：X4	一层呼叫灯 E_4：Y4
二层下呼 SB_5：X5	二层向下呼叫灯 E_5：Y5
二层上呼 SB_6：X6	二层向上呼叫灯 E_6：Y6
三层下呼 SB_7：X7	三层呼叫灯 E_7：Y7
一层到位开关 SQ_1：X11	轿厢下降 KM_1：Y11
二层到位开关 SQ_2：X12	轿厢上升 KM_2：Y12
三层到位开关 SQ_3：X13	

(3) 输入相应的程序。

(4) 调试并运行程序。

3. 三层电梯控制语句表

三层电梯控制语句表如下：

0	LD	X001	30	OR	Y005	60	AND	Y004	90	RST	Y001
1	OR	M1	31	ANB		61	ORB		91	MRD	
2	ANI	Y012	32	AND	M100	62	ANI	Y003	92	ANI	M124
3	ANI	Y001	33	OUT	Y005	63	ANI	M22	93	RST	Y003
4	OUT	M1	34	LD	X006	64	SET	Y001	94	MPP	
5	LD	X002	35	OR	M6	65	LD	Y001	95	ANI	Y001
6	OR	M2	36	ANI	Y002	66	SET	M100	96	ANI	Y003
7	ANI	Y002	37	OUT	M6	67	LDI	M100	97	ANI	M124
8	OUT	M2	38	LD	Y004	68	FNC	40	98	ANI	M122
9	LD	X003	39	OR	M1	69		M1	99	SET	Y002
10	OR	M3	40	ORI	Y002	70		M7	100	LD	X013
11	ANI	Y011	41	LD	M6	71			101	AND	M3
12	ANI	Y003	42	OR	Y006	72			102	LD	X013
13	OUT	M3	43	ANB		73	LD	X011	103	AND	Y007
14	LD	X004	44	AND	M100	74	AND	M1	104	ORB	
15	OR	M4	45	OUT	Y006	75	LD	X011	105	MPS	
16	ANI	Y012	46	LD	X007	76	AND	Y004	106	ANI	M24
17	ANI	Y001	47	OR	M7	77	ORB		107	RST	Y002
18	OUT	M4	48	ANI	Y011	78	ANI	M22	108	MPP	
19	AND	M100	49	ANI	Y003	79	RST	Y002	109	ANI	Y001
20	ANI	M24	50	OUT	M7	80	LD	M2	110	ANI	M24
21	OUT	Y004	51	AND	M100	81	OR	M3	111	SET	Y003
22	LD	X005	52	ANI	M22	82	OR	M1	112	LD	T2
23	OR	M5	53	OUT	Y007	83	OR	Y004	113	OR	Y012
24	ANI	Y002	54	LD	X011	84	OR	Y007	114	ANI	Y002
25	OUT	M5	55	ANI	Y002	85	OR	Y006	115	OR	M2
26	LD	Y007	56	LD	X011	86	OR	Y005	116	OR	M3
27	OR	M3	57	AND	M1	87	AND	X012	117	OR	M7
28	ORI	Y002	58	ORB		88	MPS		118	OR	M6
29	LD	M5	59	LD	X011	89	ANI	M122	119	OR	M5

续表

120	ANI	Y003	145	PLF	M21	170			195	LD	Y001
121	ANI	Y011	146			171	RST	Y012	196	AND	M122
122	AND	M100	147	LD	M21	172	LD	Y005	197	OUT	T2
123	ANI	M22	148	SET	M22	173	AND	Y007	198	SP	K20
124	ANI	M122	149	LD	M1	174	LD	Y005	199		
125	OUT	Y012	150	OR	Y004	175	AND	M3	200	LD	T0
126	LD	T3	151	AND	M22	176	ORB		201	RST	M22
127	OR	Y011	152	OUT	T0	177	PLF	M123	202	LD	T1
128	ANI	Y002	153	SP	K20	178			203	RST	M24
129	OR	M2	154			179	LD	M123	204	LD	T2
130	OR	M1	155	RST	Y011	180	SET	M124	205	RST	M122
131	OR	M4	156	LD	M2	181	LD	Y003	206	LD	T3
132	OR	M5	157	OR	Y006	182	AND	M124	207	RST	M124
133	OR	M6	158	LD	M3	183	OUT	T3	208	END	
134	ANI	Y001	159	OR	Y007	184	SP	K20	209		
135	ANI	Y012	160	ANB		185			210		
136	AND	M100	161	PLF	M23	186	LD	Y006	211		
137	ANI	M124	162			187	AND	Y004	212		
138	ANI	M24	163	LD	M23	188	LD	Y006	213		
139	OUT	Y011	164	SET	M24	189	AND	M1	214		
140	LD	M2	165	LD	M3	190	ORB		215		
141	OR	Y005	166	OR	Y007	191	PLF	M121	216		
142	LD	M1	167	AND	M24	192			217		
143	OR	Y004	168	OUT	T1	193	LD	M121	218		
144	ANB		169	SP	K20	194	SET	M122	219		

4. 三层电梯控制梯形图

三层电梯控制梯形图如图 3-11-1 所示。

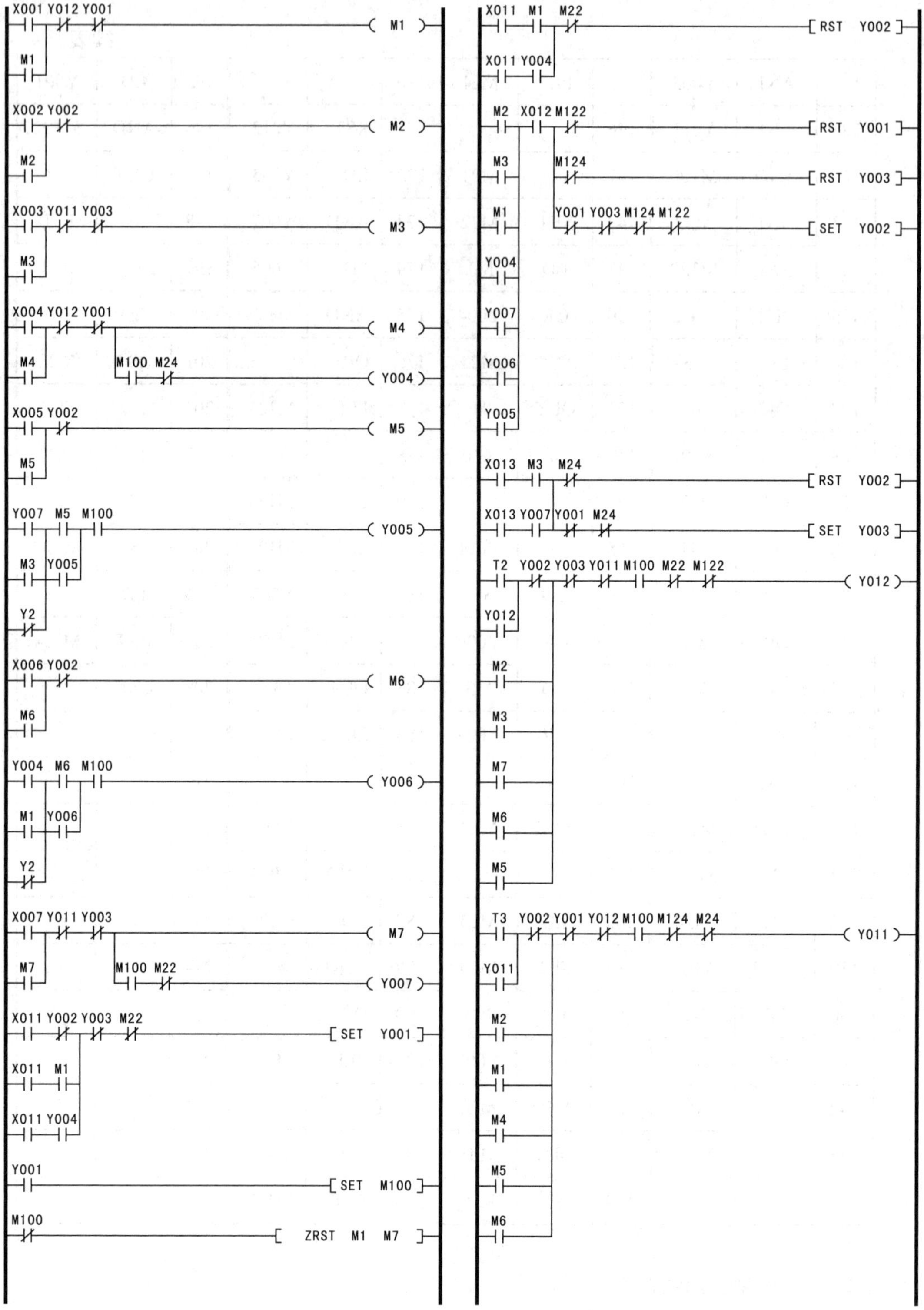
X001 Y012 Y001 M1
M1
X002 Y002 M2
M2
X003 Y011 Y003 M3
M3
X004 Y012 Y001 M4
M4 M100 M24 Y004
X005 Y002 M5
M5
Y007 M5 M100 Y005
M3 Y005
Y2
X006 Y002 M6
M6
Y004 M6 M100 Y006
M1 Y006
Y2
X007 Y011 Y003 M7
M7 M100 M22 Y007
X011 Y002 Y003 M22 SET Y001
X011 M1
X011 Y004
Y001 SET M100
M100 ZRST M1 M7
X011 M1 M22 RST Y002
X011 Y004
M2 X012 M122 RST Y001
M3 M124 RST Y003
M1 Y001 Y003 M124 M122 SET Y002
Y004
Y007
Y006
Y005
X013 M3 M24 RST Y002
X013 Y007 Y001 M24 SET Y003
T2 Y002 Y003 Y011 M100 M22 M122 Y012
Y012
M2
M3
M7
M6
M5
T3 Y002 Y001 Y012 M100 M124 M24 Y011
Y011
M2
M1
M4
M5
M6

图 3-11-1　三层电梯控制梯形图(1)

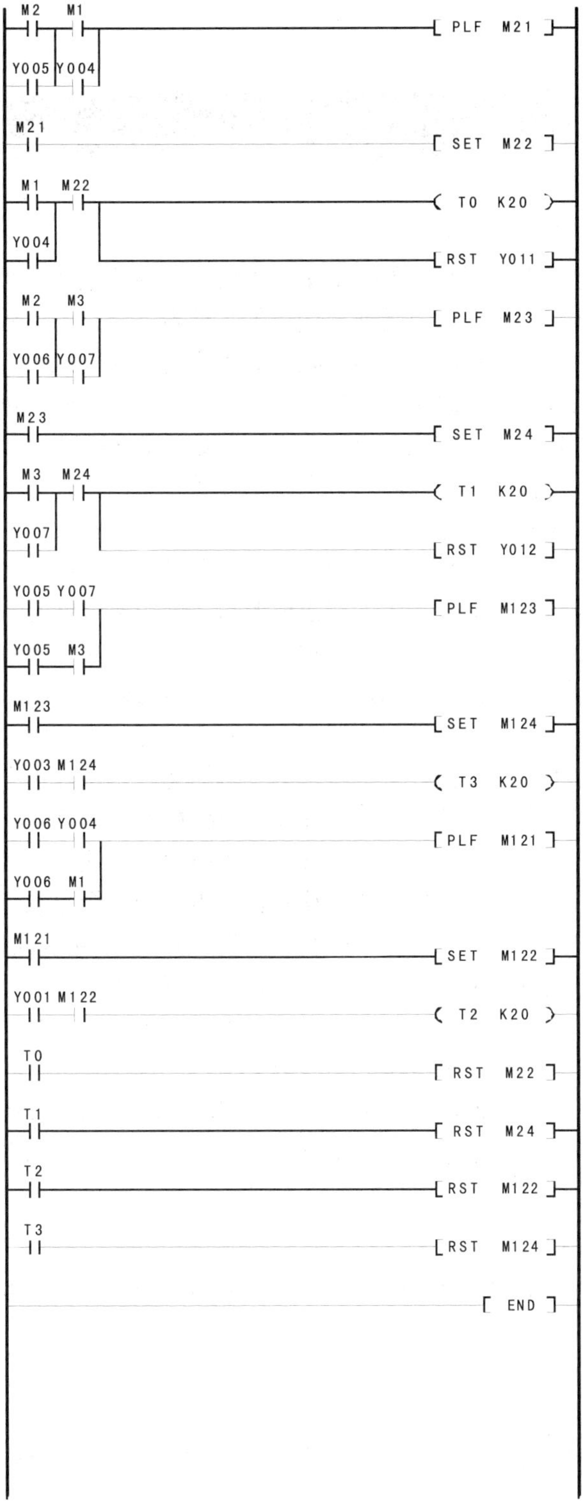

图 3-11-1　三层电梯控制梯形图(2)

第4章　电子技术实验

　　本章包括模拟电子技术实验和数字电子技术实验。模拟电路与数字电路的不同之处在于模拟电路的信号在时间和数值上是连续变化的；而数字电路的信号在时间和数值上都是不连续变化的，只有高电平和低电平两种状态。本章包括单管放大电路实验、集成运算放大器实验、整流和滤波稳压电源实验、基本逻辑门电路实验、时序逻辑电路实验、集成定时器的应用等实验项目。本章实验重点培养学生观察和分析实验现象的能力，掌握基本实验方法，培养基本实验技能，为以后进行更复杂电子实验的设计与应用打下基础。在电子技术实验过程中融入思政，引导学生正确使用电子技术高科技发展的成果，实现电子技术实验能力目标的同时实现育人目标。在电子技术实验教学中，以更灵活的手段开展"课程思政"教育，为培养德才兼备的社会主义建设者和接班人做出更大的贡献。

　　在科学技术领域，电子技术起着十分重要的作用。近年来，随着微电子技术和计算机技术的不断发展，电子技术也得以迅速发展，每天都有崭新的成果呈现在人们面前，丰富着我们的生活，甚至在改变着我们的生活方式。对于学习电类相关专业的学生来讲，学好电子技术非常重要，不但要掌握好电子技术的基本概念、基本理论和基本方法，同时要掌握电子系统设计的基本方法和手段，了解该领域的新技术和新手段，树立工程思想。

　　通常将电子技术分为模拟电子技术和数字电子技术，在这两门课程的学习中建立模拟电路和数字电路的概念，初步掌握模拟电路和数字电路的分析方法和设计方法。实际上，电子线路除了模拟电路和数字电路外，还包括由模拟电路和数字电路共同构成的混合电路。由此电子系统可分为模拟电子系统、数字电子系统和模/数混合系统。

　　在电子技术课程教学中，比较多地讲授了基本单元电路，这些单元电路一般都是功能比较单一的电路，比如基本放大电路、功率放大电路、振荡电路、触发器、计数器等，而对于一个实际的电子系统来说，通常由若干个不同功能的单元电路共同组成一个系统。

　　由单元电路构成一个电子系统，除了解决技术方案选择、单元电路设计问题外，还必须考虑其他许多问题。

1. 模拟电子系统

　　顾名思义，模拟电子系统就是由模拟电路构成的电子系统，模拟电子系统的典型结构包括：

　　(1) 信号获取：包括电量和非电量信号的检测与转换，其硬件主要是各类传感器和放大器。

　　(2) 信号转换和放大：主要是将传感器和放大器送来的信号转换成符合一定要求的信号。

　　(3) 信号的传输：分为有线传输和无线传输，不同的传输方式采用不同的传输手段。

在传输过程中主要应考虑信噪比、传输速度、传输距离等因素。

(4) 信号处理：对传输来的信号用相应的方法进行处理，如解调、滤波等。

(5) 信号放大：将信号处理器输出的信号进行放大，使之满足下一级电路的要求，如信号幅度、输出阻抗等。

(6) 功率放大：通过功率放大级的放大，输出具有一定功率的信号驱动负载。

(7) 负载：电子系统中由功率信号驱动一定的机构，实现电子综合系统的功能和性能的要求，这些机构就是负载。常见的负载有扬声器、电机、继电器等。

2．数字电子系统

数字电子系统就是由数字电路构成的电子系统。典型的数字电子系统由数据处理器和控制器两部分构成。

1) 数据处理器

数据处理器由寄存器和组合电路组成。寄存器用于暂存信息，组合电路实现对数据的加工和处理。在一个计算步骤中，控制器发出命令信号给数据处理器，数据处理器完成命令信号所规定的操作。在下一个计算步骤中，控制器发出另外一组命令信号，命令数据处理器完成相应的操作。通过多个步骤的操作(操作序列)，数字电子系统完成一个计算任务。控制器接收数据处理器的状态信息及外部控制信号，依此选择下一个计算步骤。

2) 控制器

要实现一个计算任务，必须要有一个算法，即通过一个有序的操作序列和检验序列完成计算任务。数据处理器负责对数据的操作和检验。控制器规定了算法的步骤，并在每一个计算步骤中给数据处理器发出命令信号，同时接收来自数据处理器的状态变量，确定下一个计算步骤，以确保算法按正确的次序实现，所以控制器决定处理器的操作及操作序列。控制器既然决定着算法步骤，它就必须有记忆能力，所以它是一个时序电路，应包含存储器。存储器记忆控制器处在哪一个计算步骤，则使控制器发出相应的命令信号。

3．混合电子系统

大多数电子系统都是混合系统，其中既有模拟电路，又有数字电路。这是因为在工程应用中，现场需要测量的量(包括电量和非电量)大多数都是模拟量，这些模拟量通常经过转换和放大后通过 A/D 转换器转换为数字信号，送入处理器进行相应的处理，然后经过 D/A 转换器转换为模拟信号送入现场，实现一定的功能。因此，在这样的系统中模拟电路和数字电路同时存在。由此可见，混合电子系统的应用是非常广泛的。

Ⅰ　模拟电子技术实验

4.1　单管共射极放大电路

1．实验目的

(1) 掌握放大电路直流工作点的调整和测量方法。

(2) 了解直流工作点对放大电路动态性能的影响。

(3) 了解放大电路主要性能指标的测量方法。

(4) 进一步熟悉常用电子仪器及电子技术实验装置的使用方法。

2．预习要求

预习基本放大电路的工作原理。

3．实验原理

(1) 实验电路。图 4-1-1 为典型静态工作点稳定的共射极分压式偏置电路。图中，可变电阻 R_P 是为调节晶体管静态工作点而设置的，电流表采用模电实验台上的数字式电流表，作用是测量集电极电流 I_C。

(2) 静态工作点的估算和调整。在图 4-1-1 电路中，参数选择要使流过偏置电阻 R_{B1} 的电流 I_1 远大于晶体管的基极电流 I_B，则它的静态工作点用下式估算：

$$U_B \approx \frac{R_{B2}}{R_{B1} + R_{B2}} \cdot U_{CC}$$

$$I_E = \frac{U_B - U_{BE}}{R_E} \approx I_C$$

$$U_{CE} = U_{CC} - I_C(R_C + R_E)$$

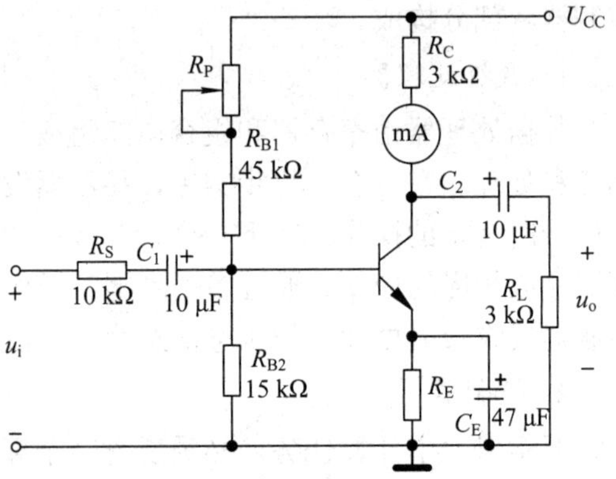

对阻容耦合放大电路来说，改变电路

图 4-1-1　共射极分压式偏置电路

参数 U_{CC}、R_C、R_{B1}、R_{B2}，都会引起静态工作点的变化。在实际工作中，通常采用改变上偏置电阻 R_{B1}(即调节电位器 R_P)来调节静态工作点，如减小 R_{B1}，静态工作点提高(I_C 增加)。

(3) 放大电路的电压放大倍数 A_u、输入电阻 R_i 和输出电阻 R_o 的估算。

电压放大倍数为

$$A_u = -\beta \frac{R_C /\!/ R_L}{r_{be}}$$

输入电阻为

$$R_i = R_{B1} /\!/ R_{B2} /\!/ r_{be}$$

输出电阻为

$$R_o \approx R_C$$

(4) 放大电路电压放大倍数的频率特性。放大电路由于有耦合电容和结电容的影响，所以对不同频率的信号具有不同的放大能力，即电压增益是频率的函数；一般当信号频率等于下限频率 f_L 或上限频率 f_H 时，放大电路的增益下降 3 dB。电压增益的大小与频率的函数关系即幅频特性通常用逐点法进行测量。测量时要保持输入信号的幅度不变，改变信号的频率，逐点测量不同频率点的电压增益，由各点数据描绘出特性曲线。由曲线确定出放大电路的上、下限截止频率 f_H、f_L 和频带宽度 $f_{BW} = f_H - f_L$。

4．实验设备

(1) 双踪示波器 COS5020(YX4320)；

(2) 信号发生器 SG1645(SG1646B)；

(3) 交流毫伏表 SX2171B(SX2172)；

(4) 万用表 MF-10 型(或数字万用表)；

(5) 模拟电子技术实验装置(含稳压电源)。

5．实验内容

按图 4-1-1 连接实验电路，各电子仪器和实验电路可按图 4-1-2 所示方式连接；为防止干扰，各仪器的公共端必须连在一起。

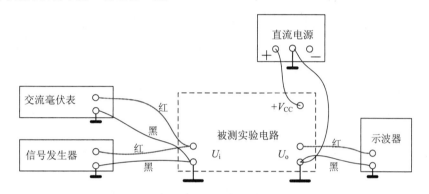

图 4-1-2　电子仪器与实验电路连接方式

(1) 放大器静态工作点的调整和测量。静态工作点是否合适，对放大器的性能和输出波形都有很大影响。如工作点偏高，放大器在加入交流信号以后易产生饱和失真，此时 u_o 的负半周将被削底，如图 4-1-3(a)所示；如工作点偏低，则易产生截止失真，即 u_o 的正半周被缩顶(一般截止失真不如饱和失真明显)，如图 4-1-3(b)所示；如工作点适中，输入信号过大，也会产生失真，如图 4-1-3(c)所示。所以在初步选定工作点以后，还必须进行动态调试。

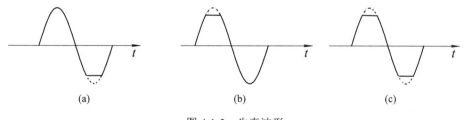

(a)　　　　　　　　　　　(b)　　　　　　　　　　　(c)

图 4-1-3　失真波形

① 放大器静态工作点的调整。首先置 $R_C = 3\text{ k}\Omega$、$R_L = \infty$，再将 R_P 调到最大，接通 12 V 直流电源。在放大器输入端加入频率为 1 kHz 的正弦交流信号 u_i，用示波器观察放大器输出电压 u_o 的波形。当 u_i 由小(5 mV)到大慢慢增加时，输出波形将会出现饱和(截止)失真，这说明静态工作点不在交流负载线的中点，调节 R_P，消除失真。如此反复，直至输入信号略有增加，输出波形同时出现饱和与截止失真，如图 4-1-3(c)所示；再将 R_P 回调，使失真消除，此时的静态工作点称为最佳静态工作点。

② 静态工作点的测量。保持 R_P 不变，断开输入信号后，选用量程合适的直流电压表，分别测量晶体管各极对地的电压 U_B、U_C 和 U_E，并从直流毫安表上读出 I_C，记入表 4-1-1 中。

表 4-1-1　静态工作点的测量

测　量　值				计　算　值		
U_B/V	U_E/V	U_C/V	I_C/mA	U_{BE}/V	U_{CE}/V	I_C/mA

(2) 测量电压放大倍数。保持放大器静态工作点不变，在放大器输入端引入频率为 1 kHz、幅值为 5 mV 的正弦交流信号 u_i，用交流毫伏表测量表 4-1-2 中三种情况下的 u_o 有效值，用示波器观察放大器输出电压 u_o 的波形，并把结果记入表中。

表 4-1-2　电压放大倍数的测量

$R_C/k\Omega$	$R_L/k\Omega$	U_o/V	A_u	观察记录一组 u_o 和 u_i 波形
1.5	∞			
3	∞			
3	3			

(3) 观察静态工作点对输出波形的影响。置 $R_C = 3$ kΩ，$R_L = \infty$，保持上一步 u_i 的值，调节 R_P，分别使 I_C 达到最小值、最大值时，测出 I_C 和 U_{CE} 值，观察输出电压 u_o 的波形，把结果记入表 4-1-3 中。

表 4-1-3　静态工作点对输出波形的影响

条件	u_o 波形	I_C	U_{CE}/V	U_o/V	A_u	管子工作状态
R_B 最大						
R_B 最小						

(4) 测量放大电路输入电阻和输出电阻。在静态工作点适中的条件下，按图 4-1-4 所示的电路连接，可以测量放大器输入、输出电阻。此电路在被测放大器的输入端与信号源之间串入一已知电阻 $R_S = 10$ kΩ，在放大器输出端开路的情况下，用交流毫伏表测出 u_i、u_S、u_o 的值；接入负载电阻 $R_L = 3$ kΩ，测量输出电压 u_L 的值，记入表 4-1-4 中，并

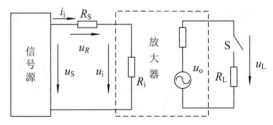

图 4-1-4　输入、输出电阻测量电路连接图

根据输入、输出电阻的定义式，求输入、输出电阻值(测量值)。在测试中应注意，必须保持 R_L 接入前后输入信号的大小不变。式中，U_S、U_i、U_o、U_L、I_i 均为交流电压、电流的有效值。

$$R_i = \frac{U_i}{I_i} = \frac{U_i}{U_R} \cdot R_S = \frac{U_i}{U_S - U_i} \cdot R_S$$

$$R_o = \left(\frac{U_o}{U_L} - 1\right) \cdot R_L$$

表 4-1-4 输入、输出电阻的测量

U_S /mV	U_i /mV	$R_i/k\Omega$		U_o /V	U_L /V	$R_o/k\Omega$	
		测量值	计算值			测量值	计算值

(5) 测量幅频特性曲线。在静态工作点适中的情况下，保持输入信号 u_i 的幅度不变，改变信号源频率 f，逐点测出相对应的输出电压 u_o，记入表 4-1-5 中。当输出电压下降到中频值的 0.707 倍，即为上限截止频率 f_H 或下限截止频率 f_L 时，计算 f_{BW}，幅频特性曲线如图 4-1-5 所示。

表 4-1-5 幅频特性曲线的测量

			f_L			f_o		f_H		
f/kHz										
U_o/V										
$A_u=U_o/U_i$										

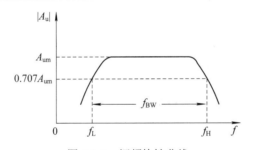

图 4-1-5 幅频特性曲线

注意：在改变频率时，要保持输入信号的幅度不变；测量时应注意取点要恰当，在上限截止频率 f_H 或下限截止频率 f_L 附近应多测几点，在中频段可以少测几点。

6. 思考题

(1) 在图 4-1-1 所示的射极偏置电路中：$U_{CC}=12\ V$，$R_C=3\ k\Omega$，$R_{B2}=15\ k\Omega$，$R_{B1}=45\ k\Omega$，$C_E=47\ \mu F$，$C_1=C_2=10\ \mu F$，估算放大电路的性能指标(设 $\beta=50$)。

(2) 测试中，如果将信号源、交流毫伏表、示波器中任意一台仪器的两个测试端子换位(即各仪器的接地端不连在一起)，将会出现什么问题？

(3) 本实验在测量放大电路输出电压时，使用晶体管电压表，而不用万用表，为什么？

(4) 改变静态工作点，对放大器的输入电阻 R_i 是否有影响？改变负载电阻 R_L，对输出电阻 R_o 是否有影响？

7. 实验报告要求

(1) 整理实验数据，总结静态工作点调整的原理与方法。将测量获得的电压放大倍数与理论计算值相比较(取一组数据进行比较)，分析产生误差的原因。

(2) 分析静态工作点变化对放大电路输出波形的影响。

(3) 总结放大电路主要性能指标的测试方法。

4.2　负反馈放大电路

1．实验目的

(1) 学习在放大电路中引入负反馈的方法。

(2) 了解负反馈对放大器各项性能指标的影响。

(3) 掌握两级放大器开环、闭环性能指标的测试方法。

2．预习要求

预习有关复反馈放大器的内容。

3．实验原理

(1) 负反馈的类型。在放大电路中，为了改善放大电路各方面的性能，总会引入不同形式的负反馈。根据输出端取样方式和输入端比较方式的不同，负反馈放大电路可分成四种基本组态，即电流串联负反馈、电压串联负反馈、电流并联负反馈、电压并联负反馈。在研究放大器的反馈时，主要抓住三个基本要素：第一是反馈信号的极性；第二是反馈信号与输出信号的关系；第三是反馈信号与输入信号的关系。

(2) 负反馈对放大电路性能的影响。负反馈虽然使放大器的放大倍数降低，但能在多方面改善放大器的动态参数，如稳定放大倍数，改变输入、输出电阻，减小非线性失真和展宽通频带等。

① 负反馈使放大器的放大倍数下降，计算公式为

$$A_F = \frac{A}{1 + AF}$$

式中，$1+AF$ 称为反馈深度，A 为开环电压放大倍数，F 为负反馈系数。

② 负反馈提高放大电路的稳定性，计算公式为

$$\frac{\mathrm{d}A_F}{A_F} = \frac{1}{1 + AF} \cdot \frac{\mathrm{d}A}{A}$$

式中，$(\mathrm{d}A_F/A_F)$是闭环电压放大倍数的相对变化量，$(\mathrm{d}A/A)$是开环电压放大倍数的相对变化量。

③ 串联负反馈使输入电阻增加，计算公式为

$$R_{iF} = (1 + AF)R_i$$

并联负反馈使输入电阻下降，计算公式为

$$R_{iF} = \frac{R_i}{1 + AF}$$

④ 电压负反馈使输出电阻下降，计算公式为

$$R_{oF} = \frac{R_o}{1 + A_o F}$$

电流负反馈使输出电阻增加，计算公式为

$$R_{oF} = (1 + A_o F)R_o$$

⑤ 负反馈使上限截止频率增高，计算公式为

$$f_{HF} = (1 + AF)f_H$$

负反馈使下限截止频率下降，计算公式为

$$f_{LF} = f_L/(1 + AF)$$

从而展宽了放大器的通频带宽度。

⑥ 负反馈可以改善放大器的非线性失真。

4．实验设备

(1) 双踪示波器 COS5020(YX4320)；

(2) 信号发生器 SG1645(SG1646B)；

(3) 交流毫伏表 SX2171B(SX2172)；

(4) 万用表 MF-10 型(或数字万用表)；

(5) 模拟电子技术实验装置(含稳压电源)；

(6) 负反馈实验电路板。

5．实验内容

这里引入电压串联负反馈的两级阻容耦合放大电路，如图 4-2-1 所示。

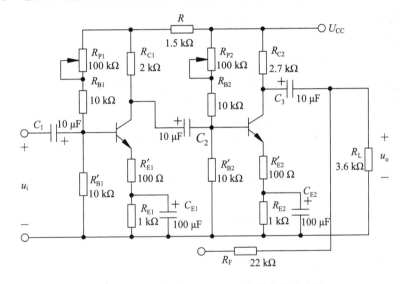

图 4-2-1　具有负反馈的两级阻容耦合放大电路

(1) 测量静态工作点。按图 4-2-1 所示连接实验电路，检查无误后接通电源。参照共射单管放大电路静态工作点的调试方法，分别调整、测试第一级、第二级静态工作点，记入表 4-2-1 中。

表 4-2-1　静态工作点的测量

	U_B/V	U_E/V	U_C/V	I_C/mA
第一级				
第二级				

(2) 测量基本放大器的动态参数(开环)。

① 测量阻容耦合放大器开环电压放大倍数。在阻容耦合两级放大器的输入端引入 $f=$ 1 kHz，$u_i = 5$ mV 的正弦信号，用示波器观察输出电压波形，在波形不失真的情况下，用交

流毫伏表测量空载时的 u_i、u_o 和接负载电阻 R_L 时的 u_L 值(保持 u_i 不变),分别计算电压放大倍数 A_u,记入表 4-2-2 中。

表 4-2-2　阻容耦合放大器电压放大倍数的测量

	U_i/mV	U_o/mV	A_{uo}	U_L/mV	A_u
基本放大器					
负反馈放大器					

② 测量阻容耦合放大器通频带。保持 u_i 不变,接入负载电阻 R_L,然后增加和减小输入信号的频率,找出上、下限频率 f_H 和 f_L,记入表 4-2-2 中。

③ 测量阻容耦合放大器输入电阻、输出电阻。测量阻容耦合放大器的输入电阻 R_i 和输出电阻 R_o,记入表 4-2-3 中。

表 4-2-3　阻容耦合放大器通频带及输入输出电阻的测量

	U_S	U_i	R_i	U_o	U_L	R_o	f_L	f_H	通频带 f_{BW}
基本放大器									
负反馈放大器									

(3) 测量负反馈放大器的各项性能指标(闭环)。接通反馈电阻 R_F,构成电压串联负反馈放大电路。重复上述实验的内容。

(4) 稳定性的测试。改变放大器的直流电源电压±4 V(即将直流电压调到 8 V 和 16 V),测量其对输出电压 u_o 的影响,将结果记入表 4-2-4 中。

表 4-2-4　稳定性的测试

	$U_{CC} = 8$ V		$U_{CC} = 16$ V		稳定度
	U_o	A_u	U_o	A_u	$\Delta A_u/A_u$
开环					
闭环					

(5) 观察负反馈对非线性失真的改善。断开反馈电阻,在放大电路输入端加入 f=1 kHz 的正弦信号,输出端接示波器,逐渐增大输入信号的幅度,使输出波形出现失真,记下此时的波形和输出电压的幅度。再接通反馈电阻,观察输出波形的变化。

6．思考题

(1) 图 4-2-1 所示的实验电路中,上偏置电阻 R_{B1} 由可调电阻 R_{P1} 和固定电阻 R 组成,试问固定电阻 R 的作用以及该电阻是否可以去掉。

(2) 估算基本放大器的 A_u、R_i 和 R_o;估算负反馈放大器的 A_{uF}、R_{iF} 和 R_{oF},取电流放大倍数 $\beta_1 = \beta_2 = 50$。

(3) 如输入信号存在失真,能否用负反馈来消除?

7．实验报告要求

(1) 整理实验数据,用波形图说明负反馈对非线性失真的改善。

(2) 将基本放大器和负反馈放大器动态参数的实测值进行比较。

(3) 根据实验结果,总结电压串联负反馈对放大器性能的影响。

4.3 集成运算放大器的应用(基本运算电路)

1. 实验目的

(1) 掌握用集成运算放大器设计比例、加法、减法、积分等模拟运算电路的方法。

(2) 了解由集成运算放大器组成的电路中负反馈电路的作用。

(3) 掌握集成运算放大器电路的分析方法。

2. 预习要求

预习集成运算放大器的原理与应用的有关内容。

3. 实验原理

集成运算放大器是由多级直接耦合放大电路组成的高增益模拟集成电路。基本运算电路是以集成运算放大器作为基本元件，加入反馈网络，以输入电压作为自变量，以输出电压作为函数的电路。它利用反馈网络，能够实现模拟信号之间的加、减、乘、除、积分、微分、对数等多种数学运算。

(1) 反相比例运算电路。反相比例运算电路如图 4-3-1 所示，将输入信号通过 R_1 加到运算放大器的反相输入端，R_F 引入电压并联负反馈，同相输入端经补偿电阻 R_2 接地，接入该电阻的目的是使运算放大器两输入端直流电阻平衡，以减少运算放大器偏置电流产生的不利影响，从而提高运算精度。根据理想运算放大器的条件，输出电压和输入电压之间的反相比例运算关系为

$$u_o = -\frac{R_F}{R_1} u_i$$

当 $R_1 = R_F$ 时，$u_o = -u_i$，称为反相器。

(2) 同相比例运算电路。同相比例运算电路如图 4-3-2 所示，输入信号接到同相输入端，反相输入端通过 R_1 接地，R_F 引入了电压串联负反馈。由于理想运算放大器的净输入电流为 0，不难推出输出电压与输入电压之间的关系为 $u_o = \left(1 + \dfrac{R_F}{R_1}\right) u_i$，当 $R_F = 0$ 时，$u_o = u_i$，称为跟随器。

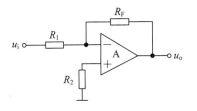

图 4-3-1　反相比例运算电路

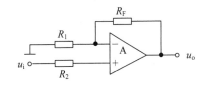

图 4-3-2　同相比例运算电路

(3) 反相加法运算电路。反相加法运算电路如图 4-3-3 所示，输入信号 u_{i1} 和 u_{i2} 分别通过 R_1、R_2 加入反相输入端，其输出电压与输入电压之间的关系为

$$u_o = -\left(\frac{R_F}{R_1}u_{i1} + \frac{R}{R_2}u_{i2}\right)$$

(4) 减法运算电路。减法运算电路如图 4-3-4 所示，该电路实现两个输入信号 u_{i1} 和 u_{i2} 相减的运算，从电路结构上来看，它是反相输入和同相输入相结合的放大电路，即差分比例运算放大电路。用叠加原理求解输出电压 u_o 与输入电压 u_{i1}、u_{i2} 之间的运算关系为

$$u_o = \left(1 + \frac{R_F}{R_1}\right)\frac{R_3}{R_2 + R_3}u_{i2} - \frac{R_F}{R_1}u_{i1}$$

当 $R_1 = R_2 = R_3 = R_F$ 时，$u_o = u_{i1} - u_{i2}$。

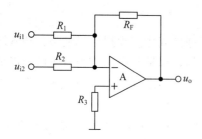

图 4-3-3　反相加法运算电路

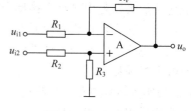

图 4-3-4　减法运算电路

(5) 反相积分运算电路。反相积分运算电路如图 4-3-5 所示，在理想化条件下，输出电压为

$$u_o(t) = -\frac{1}{RC}\int_0^t u_i \, \mathrm{d}t + u_C(0)$$

式中，$u_C(0)$ 是 $t = 0$ 时刻，电容 C 两端的电压值，即初始值。如果 $u_i(t)$ 是幅值为 E 的阶跃电压，并设 $u_C(0) = 0$，则

$$u_o = -\frac{1}{RC}\int_0^t E \, \mathrm{d}t = -\frac{E}{RC}t$$

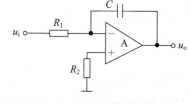

图 4-3-5　反相积分运算电路

4．实验设备

(1) 双踪示波器 COS5020(YX4320)；
(2) 信号发生器 SG1645(SG1646B)；
(3) 交流毫伏表 SX2171B(SX2172)；
(4) 万用表 MF-10 型(或数字万用表)；
(5) 模拟电子技术实验装置(含稳压电源)；
(6) 集成运算放大器μA741、LM358、LM324，电位器、电阻电容等。

5．实验内容

实验前要注意集成运算放大器各引脚的作用，切忌正、负电源极性接反和输出端短路，否则将会损坏集成块。图 4-3-6 给出了三种集成运算放大器的引脚图，供实验时选用。

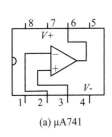
(a) μA741

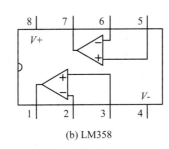
(b) LM358

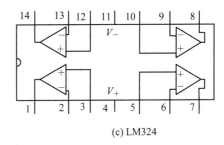
(c) LM324

注：(1) μA741 是八脚双列直插式集成电路，2 脚和 3 脚为反相和同相输入端，6 脚为输出端，7 脚和 4 脚为正、负电源端，1 脚和 5 脚为失调电压调整端，1、5 脚之间可接入一只几十千欧的电位器并将滑动触头接到负电源端，8 脚为空脚；

(2) LM358、LM324 引脚"+"为同相输入端、"−"为反相输入端、"V_+"为正电源端、"V_-"为负电源端(单电源时为 GND)；

(3) μA741 的电源电压为 ±3～±18 V，LM358 的电源电压为 ±16 或 32 V，LM324 的电源电压为 ±18 或 32 V。

图 4-3-6　　集成运算放大器引脚排列图

(1) 设计并组装反相比例运算电路，要求输入阻抗 $R_i = 20$ kΩ，闭环放大倍数 $A_{uF} = -5$；可参考图 4-3-1 所示电路，电源电压为 ±12 V；输入信号采用直流电压信号，由简易直流信号源提供；测试并记录实验数据。

(2) 设计并组装同相比例运算电路，要求闭环放大倍数 $A_{uF} = 6$；可参考图 4-3-2 所示的电路，电源电压为 ±12 V。输入信号由简易直流信号源提供，测试并记录实验数据。

(3) 设计并组装反相比例加法运算电路、减法运算电路，参数自定；可参考图 4-3-3、图 4-3-4，电源电压为 ±12 V；输入信号由简易直流信号源提供，如图 4-3-7 所示；测试并记录实验数据，验证运算结果。

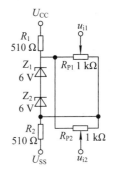

图 4-3-7　　简易直流信号源电路

(4) 用 LM324 实现 $u_o = 3u_{i2} - 2u_{i1}$ 的运算。设计并组装此运算电路，通过测量，验证运算结果。

(5) 积分运算电路。实验电路如图 4-3-5 所示，电源电压为 ±12 V。输入信号为 $f = 500$ Hz、幅值为 1 V 的方波，由信号发生器提供。用双踪示波器同时观察 u_i、u_o 的波形，记录在坐标纸上，标出幅值和周期。

6．思考题

(1) 画出反相比例、同相比例、反相比例加法和减法的运算电路，确定实验电路参数，给出运算结果。

(2) 设计实现 $u_o = 3u_{i2} - 2u_{i1}$ 运算关系的电路(提示：多级运算电路)，画出实验电路。

(3) 设计记录实验数据的表格。

7. 实验报告要求

(1) 画出自己设计的实验电路，整理实验数据，填好记录表格。

(2) 将理论计算结果和实测数据相比较，分析产生误差的原因。

(3) 画出积分电路的输入、输出波形。

(4) 写出实验心得体会。

4.4　低频功率放大电路

1. 实验目的

(1) 了解互补对称功率放大电路的调试方法。

(2) 学习测量互补对称功率放大电路的最大输出功率和效率的方法。

2. 实验原理

(1) OTL 电路工作原理。图 4-4-1 所示为 OTL 低频功率放大电路。其中，V_2、V_3 是一对参数对称的 NPN 和 PNP 型晶体三极管，它们组成互补推挽 OTL 功率放大电路。由于每一个管子都接成射极输出器形式，因此具有输出电阻低、负载能力强等优点，适合于作功率输出级。V_1 工作于放大状态，它的集电极电流 I_{C1} 由电位器 R_{P1} 进行调节。I_{C1} 的一部分流经电位器 R_{P2} 及二极管 VD，给 V_2、V_3 提供偏压。调节 R_{P2}，可以使 V_2、V_3 得到合适的静态电流而工作于甲、乙类状态，以克服交越失真。静态时要求输出端中点 A 的电位为

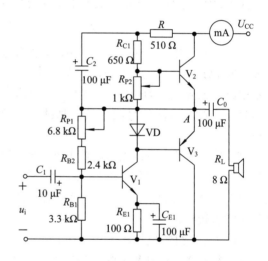

图 4-4-1　OTL 低频功率放大电路

$$V_A = \frac{1}{2} U_{CC}$$

可以通过调节 R_{P1} 来实现，由于 R_{P1} 的一端接在 A 点，在电路中引入交、直流电压并联负反馈，一方面能够稳定放大器的静态工作点，同时也改善了非线性失真。

当输入正弦交流信号 u_i 时，经 V_1 放大、倒相后同时作用于 V_2、V_3 的基极。在 u_i 的负半周，V_2 管导通、V_3 管截止，有电流通过负载 R_L，同时向电容 C_0 充电；在 u_i 的正半周，V_3 管导通、V_2 管截止，则已充好电的电容器 C_0 起着电源的作用，通过 V_3 管和负载 R_L 构成放电回路，这样在 R_L 上就得到完整的正弦波。C_2 和 R 构成自举电路，用于提高输出电压正半周的幅度，以得到较大的动态范围。

(2) OTL 电路的主要性能指标。

① 最大不失真输出功率 P_{om}。功率放大电路在输入正弦波信号基本不失真的情况下，负载上能够获得的最大交流功率，称为最大不失真输出功率 P_{om}。理想情况下：

$$P_{\mathrm{om}} = \frac{1}{8} \cdot \frac{U_{\mathrm{CC}}^2}{R_{\mathrm{L}}}$$

在实验中可通过测量 R_{L} 两端的电压有效值 U_{o} 来求得实际功率：

$$P_{\mathrm{om}} = \frac{U_{\mathrm{o}}^2}{R_{\mathrm{L}}}$$

② 效率 η。效率反映了功率放大器的利用率，它是实际消耗功率即最大不失真输出功率 P_{om} 和电源所提供的平均功率之比，即

$$\eta = \frac{P_{\mathrm{om}}}{P_{\mathrm{E}}} \times 100\%$$

式中，$P_{\mathrm{E}} = U_{\mathrm{CC}} \cdot I_{\mathrm{P}}$，$I_{\mathrm{P}}$ 是电源供给的平均电流。理想情况下，$\eta_{\max} = 78.5\%$。

③ 频率响应。交流放大器输出幅值随输入信号的频率变化，称为放大器的频率响应。

④ 输入灵敏度。输入灵敏度是指输出最大不失真功率时，输入信号 u_{i} 之值。

3. 实验设备

(1) 双踪示波器 COS5020(YX4320)；

(2) 信号发生器 SG1645(SG1646B)；

(3) 交流毫伏表 SX2171B(SX2172)；

(4) 万用表 MF-10 型(或数字万用表)；

(5) 模拟电子技术实验装置(含稳压电源)；

(6) 晶体三极管 3DG6(9011)一个、3CG12(9013)一个、3CD12(9012)一个、晶体二极管 2CP 一个、音乐芯片。

4. 实验内容

在整个测试过程中，电路不应有自激现象。

(1) 静态工作点的测试。按图 4-4-1 所示连接电路，接通直流 5 V 电源，调节 R_{P1}，使 $V_A = U_{\mathrm{CC}} / 2 = 2.5$ V；调节 R_{P2}，使直流电源提供的电流 I_{C} 约为 5 mA。从减小交越失真角度而言，应适当加大输出级静态电流，但是电流过大，会使效率降低，所以一般以 5～10 mA 为宜。由于毫安表是串在电源进线中的，因此测得的是整个放大器的电流。但一般 V_1 的集电极电流 I_{C1} 较小，从而可以把测得的总电流近似当作末级的静态电流，也可从总电流中减去 I_{C1} 之值。输出级电流调好以后，测量各级静态工作点。注意：① 在调整 R_{P2} 时，要注意旋转方向，不要调得过大，更不能开路，以免损坏输出管；② 输出管静态电流调好后，如无特殊情况，不得随意旋动 R_{P2} 的位置。

(2) 测量最大输出功率 P_{om}。输入端接 $f = 1$ kHz 的正弦信号 u_{i}，输出端用示波器观察输出电压 u_{o} 波形。逐渐增大 u_{i}，使输出电压达到最大不失真输出，用交流毫伏表测出负载 R_{L} 上的电压有效值 U_{om}，计算最大输出功率 P_{om}。

(3) 测量效率 η。当输出电压为最大不失真输出时，读出数字直流毫安表中的电流值，此电流即直流电源供给的平均电流 I_{P}(有一定误差)，由此可近似求得 P_{E}，再根据上面测得的 P_{om}，则可求出效率 η。

(4) 输入灵敏度测试。根据输入灵敏度的定义，只要测出输出功率 $P_o=P_{om}$ 时的输入电压有效值 U_i 即可。

(5) 功率放大器频带宽度的测试。测试方法同实验 4-1。在测试时，为保证电路的安全，应在较低电压下进行，通常取输入信号为输入灵敏度的 50%。在整个测试过程中，应保持 u_i 为恒定值，且输出波形不得失真。

(6) 噪声电压的测试。测量时将输入端短路($u_i=0$)，用示波器观察输出噪声波形，并用交流毫伏表测量输出电压，即为噪声电压 U_N，本电路中若 $U_N<15$ mV，即满足要求。

(7) 试听。将输入信号改为录音机输出(或音频交流信号)，输出端接扬声器及示波器，开机试听，并观察输出信号的波形。

5．思考题

(1) 为什么引入自举电路能够扩大输出电压的动态范围？

(2) 交越失真产生的原因是什么?怎样克服交越失真？

(3) 电路中电位器 R_{P2} 如果开路或短路，对电路工作有何影响？

(4) 设计记录数据的表格。

6．实验报告要求

(1) 整理实验数据，计算静态工作点、最大不失真输出功率 P_{om}、效率 η 等，并与测量值进行比较。

(2) 根据测试数据画出电路的频率响应曲线。

4.5　整流、滤波和稳压电路

1．实验目的

(1) 了解整流、滤波、稳压电路的功能，加深对直流电源的理解。

(2) 掌握直流稳压电源主要技术指标的测试方法。

(3) 了解集成稳压器的功能及典型应用。

2．预习要求

(1) 预习有关分立元件稳压电源部分的内容。

(2) 预习有关集成稳压器部分的内容。

3．实验原理

电子设备一般都需要直流电源供电。直流电源除了少数直接利用干电池和直流发电机外，大多数是采用把交流电(市电)转变为直流电的直流稳压电源。直流稳压电源由电源变压器、整流、滤波和稳压电路四部分组成，其组成如图 4-5-1 所示。

电网供给的交流电压 u_1(220 V，50 Hz)经电源变压器降压后，得到符合电路需要的交流电压 u_2，然后由整流电路变换成方向不变、大小随时间变化的脉动电压 u_3，再用滤波器滤去其交流分量，就可得到比较平直的直流电压 U_o，但这样输出的直流电压还会随交流电网电压的波动或负载的变化而变化，在对直流供电要求较高的场合，还需要使用稳压电路，以保证输出的直流电压更加平滑稳定。

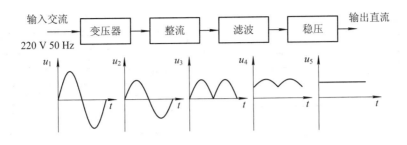

图 4-5-1　直流电源的组成及各部分波形

图 4-5-2 是串联型稳压电源的实验电路图。其中整流部分采用了由 4 个二极管组成的桥式整流电路(也可用整流桥)。滤波电容 C_1、C_2 一般选取为几百至几千微法。稳压部分采用了集成稳压器。当稳压器距离整流滤波电路比较远时，应考虑在稳压器输入端、输出端接入电容器 C_3、C_4(数值为 0.33 μF、0.1 μF)，输入端电容用以抵消线路的电感效应，防止产生自激振荡；输出端电容用以滤除输出端的高频信号，改善电路的暂态响应。

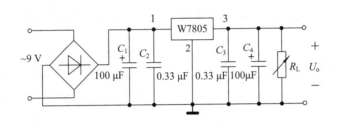

图 4-5-2　串联型稳压电源的实验电路

集成稳压器的内部电路实际上就是一个串联式稳压电源。由于集成稳压器具有体积小、外接线路简单、使用方便、工作可靠等优点，因此在各种电子设备中应用十分普遍。集成稳压器的种类很多，应根据设备对直流电源的要求来进行选择。对于大多数电子仪器、设备和电子电路来说，通常是选用集成稳压器。而在这种类型的器件中，又以三端式稳压器应用最为广泛。

W78××、W79×× 系列三端集成稳压器的输出电压是固定的，是预先调好的。W78×× 三端稳压器输出正极性电压，一般有 5 V、6 V、9 V、12 V、15 V、18 V、24 V 七挡，输出电流最大可达 1.5 A(加散热片)。同类型 W78M 系列稳压器的输出电流为 0.5 A，W78L 系列稳压器的输出电流为 0.1A。若要求输出负极性电压，则可选用 W79×× 系列稳压器。图 4-5-3 为塑封 W7805 的外形图及引脚功能。它有三个引出端：1 端是输入端(不稳定电压输入端)，2 端是公共端，3 端是输出端(稳定电压输出端)。它的主要参数有输出直流电压+5 V，最大输出电流标志为 L 时输出电流 0.1 A、最大输出电流标志为 M 时输出电流 0.5 A，电压调整率为 10 mV/V，输出电阻 $r_o = 0.15\ \Omega$，输入电压 U_i 的范围为 12~16 V。一般 U_i 要比 U_o 大 3~5 V，才能保证集成稳压器工作在线性区。

图 4-5-4 为正、负双电压输出电路，例如需要 $U_{o1} = +5\ \text{V}$，$U_{o2} = -5\ \text{V}$，则可选用 W7805 和 W7905 三端稳压器，这时的 U_i 应为单电压输出时的两倍。

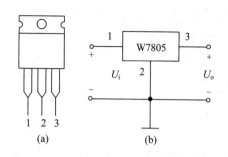

图 4-5-3　塑封 W7805 的外形图及引脚功能

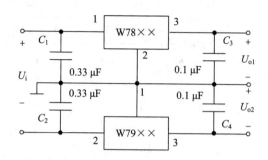

图 4-5-4　正、负双电压输出电路

4. 实验设备

(1) 双踪示波器 COS5020(YX4320)；

(2) 模拟电子技术实验装置(含稳压电源)；

(3) 交流毫伏表 SX2171B(SX2172)；

(4) 万用表 MF-10 型(或数字万用表)；

(5) 整流二极管 2CZ54B 四个(或整流桥)以及三端稳压器 7805、滤波电容、负载电阻等。

5. 实验内容

(1) 整流滤波电路测试。按图 4-5-5 所示电路连接实验电路,变压器副边电压 $U_2 = 9$ V。

① 取 $R_L = 1$ kΩ,断开滤波电容,测量变压器副边交流电压有效值 U_2 及负载两端直流电压 U_o,并用示波器观察 u_2 和 U_o 波形,记入表 4-5-1 中。

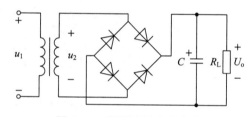

图 4-5-5　整流滤波实验电路

表 4-5-1　整流滤波电路的测试

电路形式	U_2/V	U_o/V	U_o 波形
$R_L = 1$ kΩ			
$R_L = 1$ kΩ $C = 470$ μF			
$R_L = 1$ kΩ $C = 1000$ μF			

② 取 $R_L = 1$ kΩ, $C = 470$ μF,重复内容①的测量。

③ 取 $R_L = 1$ kΩ, $C = 1000$ μF,重复内容①的测量。

注意:每次改接电路时,必须切断电源;在观察输出电压 u_L 波形的过程中,"Y 轴灵敏度"旋钮位置调好以后,不要再变动,否则将无法比较各波形的变化情况。

(2) 测量整流电源与稳压电源的外特性。

① 在桥式整流电容滤波时测试其外特性。按图 4-5-5 所示电路连接电路,先断开负载电阻 R_L,即 $I_o = 0$ 时测量其输出电压 U_o;然后接入负载 R_L,并调节其大小,使 I_o 为 10 mA、20 mA、40 mA、60 mA、80 mA、90 mA 时,分别测量对应于每一个输出电流的输出电压,

记入表 4-5-2 中。

表 4-5-2　整流电源与稳压电源外特性的测量

条件	I_o/mA	0	10	20	40	60	80	90
无稳压	U_o/V							
有稳压	U_o/V							

② 测量串联型稳压电源的外特性。按图 4-5-2 所示电路连接实验电路(不接 C_2、C_3)，测试时先断开负载，使 $I_o = 0$，$U_o = 5\ \text{V}$，然后接入负载电阻 R_L，重复①的测试内容，记入表 4-5-2 中。

6. 思考题

在桥式整流电路中，如果某个二极管发生开路、短路或反接三种情况，将会出现什么问题?

7. 实验报告要求

(1) 对所测结果进行全面分析，总结桥式整流、电容滤波电路的特点。

(2) 根据表 4-5-2 所测数据，比较整流滤波电路与稳压电路的区别。

(3) 作出稳压电源的外特性曲线与整流电路的外特性曲线。

4.6　波形产生电路

1. 实验目的

(1) 了解由集成运算放大器构成的 RC 桥式正弦波振荡器的工作原理。

(2) 学习用集成运算放大器构成方波、三角波发生器的方法。

(3) 学习测量正弦波振荡器主要参数的方法。

2. 实验原理

(1) RC 桥式正弦波振荡电路。RC 桥式正弦波振荡电路如图 4-6-1 所示。图中，RC 串并联网络构成了选频网络和正反馈电路，使电路产生正弦自激振荡，给运算放大器的同相输入端提供输入信号；R_1、R_2、R_P、VD_1、VD_2 和运算放大器等组成同相比例放大电路，其中，R_1、R_2、R_P 构成负反馈网络，调节 R_P，可以改变负反馈的反馈系数，从而调节放大电路的电压放大倍数，使其满足振荡的幅度条件；二极管 VD_1、VD_2 的作用是限幅，改善输出波形。

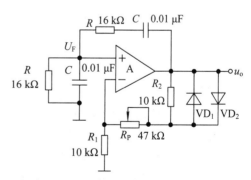

图 4-6-1　RC 桥式正弦波振荡电路

在 RC 桥式正弦波振荡电路中，正反馈电压 $u_F = u_i = Fu_o$，u_i 是集成运算放大器的输入电压，F 是正反馈系数，u_o 是集成运算放大器的输出电压，因此 $|F| = U_o/U_F = U_o/U_i$，$|A_{uF}| = U_o/U_i$，

同相比例放大电路的电压放大倍数为

$$A_{uF} = 1 + \frac{R_F}{R_1}$$

电路的起振条件为$|A_{uF}|>3$，调节负反馈放大电路的反馈系数即调节 R_P，使电压放大倍数$|A_{uF}|$略大于 3，即可满足起振的要求。开始时，A_{uF}略大于 3，达到稳定平衡状态，即$f=f_0$时，$|A_{uF}|=3$，$F=\frac{1}{3}$，此时振荡频率由相位平衡条件决定，振荡频率$f_0 = \frac{1}{2\pi RC}$。

为了稳定振荡幅度，通常在放大电路的负反馈回路里加入非线性元件来自动调整负反馈放大电路的增益，从而维持输出电压幅度的稳定。图 4-6-1 中两个二极管 VD_1、VD_2 的作用是当 u_o 很小时，二极管 VD_1、VD_2 开路，等效电阻 R_F 较大，$|A_{uF}| = U_o/U_F = (R_1+R_F)/R_1$ 较大，有利于起振；反之，当 u_o 很大时，二极管的动态电阻就越小，电压放大倍数也越小，二极管 VD_1、VD_2 导通，R_F 减小，A_{uF} 随之下降，输出电压 u_o 的幅度保持基本稳定。所以在一般文氏电桥基础上加入 VD_1、VD_2，有利于振荡电路起振和稳幅。

(2) 方波、三角波发生器。其实验电路如图 4-6-2 所示。运算放大器 A_1 和电阻 R_1、R_2 等组成同相输入的迟滞比较器。运算放大器 A_2、R、C 等构成积分电路。其输出电压 u_o 反馈至迟滞比较器的输入端，形成闭环，使电路产生自激振荡。迟滞比较器的输出 u_{o1} 为方波，积分电路的输出 u_{o2} 为三角波。

不难推导出，电路的振荡频率 f_0 及输出电压 u_{o1}、u_{o2} 的幅值分别为

$$f_o = \frac{R_2}{4R_1RC} \qquad U_{o1m} = \pm U_Z \qquad U_{o2m} = \pm \frac{R_1}{R_2}U_Z$$

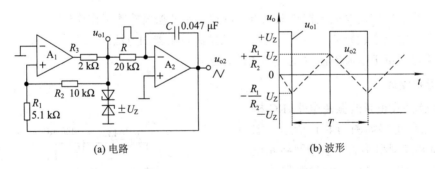

(a) 电路   (b) 波形

图 4-6-2　方波、三角波发生器电路与波形

3. 实验设备

(1) 双踪示波器 COS5020(YX4320)；

(2) 模拟电子技术实验装置(含稳压电源)；

(3) 交流毫伏表 SX2171B(SX2172)；

(4) 万用表 MF-10 型(或数字万用表)；

(5) 集成运算放大器μA741、LM324，电位器、电阻器、电容器等。

4. 实验内容

(1) 按图 4-6-1 所示电路接线，调节 R_P，观察负反馈的强弱对输出波形 u_o 的影响；将两个二极管断开，观察输出波形有什么变化。

(2) 调节图 4-6-1 所示电路中的 R_P，使 u_o 波形基本不失真时，分别测输出电压 u_o 的有效值和谐振频率 f_o。

(3) 测量图 4-6-1 所示电路中的开环幅频特性。断开正反馈网络(即断开了正反馈信号 u_F)，引入 u_i(为了保证放大器工作状态不变，u_i 的大小应使输出电压 u_o 与步骤(2)测得的 u_o 相同)，改变 u_i 的频率(保持 u_i 的大小不变)，测出 u_o 幅值随 u_i 频率变化的关系。

(4) 按图 4-6-1 所示连接电路，用示波器观察其 u_{o1}、u_{o2} 的波形，绘出波形图，测出其幅值、频率。

5．思考题

(1) 分析图 4-6-1 所示电路的工作原理，根据图中的元件参数，计算 u_o 的频率、幅值。

(2) 分析图 4-6-2 所示电路的工作原理，画出 u_{o1}、u_{o2} 的波形，推导 u_{o1}、u_{o2} 波形的周期(频率)和幅度的计算公式。

(3) 设计记录、分析实验数据用的表格。

(4) RC 桥式正弦波振荡电路中二极管 VD_1、VD_2 的作用是什么？

(5) 若要改变图 4-6-2 所示电路的振荡频率和三角波的幅度，应如何操作？

6．实验报告要求

(1) 整理实验数据及波形。

(2) 将预计的计算结果和实验测试结果相比较，进行分析讨论。

(3) 总结 RC 桥式正弦波振荡电路的工作原理。

4.7　简易音频功率放大电路

1．实验目的

(1) 综合应用集成运算放大器、电压放大电器、隔离放大器等组成音频功率放大电路。

(2) 了解音频功率放大电路的工作原理。

(3) 了解简易音频功率放大电路的测试方法。

2．预习要求

预习集成功率放大器的组成和工作原理。

3．实验原理

(1) 集成功率放大电路。音频放大电路是由电压放大器和功率放大器等部分组成的。电压放大电路可采用自动增益放大器或同相比例运算放大器。功率放大电路可采用 LM386 集成功率放大器。

① LM386 是音频低电压功率放大电路，其内部电路如图 4-7-1(a)所示。LM386 集成功率放大器内部电路由输入级、中间级和输出级三部分组成。输入级是由 V_1、V_2、V_3、V_4 等元件组成的复合管差动放大电路，输入级有同相和反相两个输入端，它的单端输出信号传送到中间共发射极放大电路 V_7 的基极，以提高电压放大倍数。输出级是由 V_8、V_9、V_{10} 等元件组成的 OTL 互补对称放大电路。LM386 的引脚排列见图 4-7-1(b)。

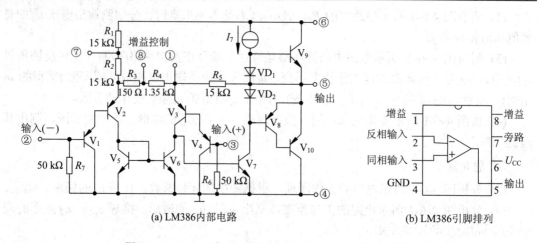

(a) LM386内部电路　　(b) LM386引脚排列

图 4-7-1　LM386 集成功率放大器内部电路及引脚排列图

② 集成功率放大器典型应用。图 4-7-2 所示为通用型音频功率放大电路的接法。由 LM386 的内部结构(见图 4-7-1)可知，电路的电压放大倍数可由内部电阻 1.35 kΩ 及引脚 1、8 间的外接元件所确定，当引脚 1、8 之间不接任何元件时，其电压放大倍数为 20 倍；当引脚 1、8 之间外接 10 μF 电容时(见图 4-7-2)，其电压放大倍数为 200 倍，此时，内部的 1.35 kΩ 电阻被交流短路，其电压放大倍数的表示式为 $A_u=2R_5/R_3=(2\times15\ \text{kΩ})/150\ \text{Ω}=200$ 倍；当引脚 1、8 之间外接电容 10 μF 与电阻 R_P 串联时，其电压放大倍数在 20～200 倍之间，其电压放大倍数的表示式为

$$A_u = \frac{2R_5}{R_4 /\!/ R_P + R_3}$$

引脚 5 与地之间外接的 0.1 μF 电容和 10 Ω 电阻为补偿电路，可提高电路的稳定性，防止电路高频自激。当 LM386 处于高电压放大倍数时，电源的纹波影响将会增大，为此在引脚 7 与地之间外接 10 μF 的滤波电容。

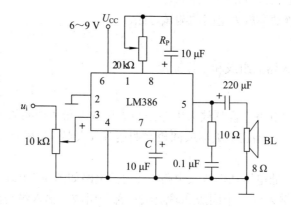

图 4-7-2　LM386 典型应用电路

(2) 简易音频功率放大电路的原理。图 4-7-3 所示的电路是一个简易音频功率放大电路，可用于汽车收音机、报警器等小功率的电子系统。图示电路中第一、第二级采用 LM358 集成双运算放大器 IC_1，其中 IC_{1a} 和电阻、电容等组成第一级反相电压放大电路，它将微弱电

压信号进行放大；第二级运算放大器 IC_{1b} 构成跟随器，作为缓冲隔离放大器，其特点是输入阻抗高、输出阻抗低，从而提高了前级运放带负载的能力，有效地阻隔了后级负载的波动对前级放大电路的影响；第三级采用音频功率放大集成电路 LM386，对前级发来的信号进行功率放大，经耦合电容 C_5，带动扬声器(8 Ω，0.25～2 W)发出声音。电路中，电阻 R_5、电容 C_4 组成高频校正网络，防止放大电路出现自激，输出电容 C_5 不仅起着隔直作用，同时还影响低频端频率响应的好坏。

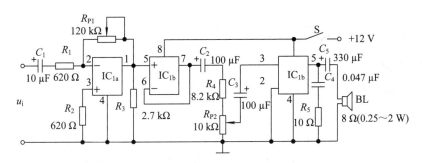

图 4-7-3　简易音频功率放大电路

4．实验设备

(1) 双踪示波器 COS5020(YX4320)；

(2) 模拟电子技术实验装置(含稳压电源)；

(3) 函数信号发生器；

(4) 万用表 MF-10 型(或数字万用表)；

(5) 交流毫伏表、交流毫安表；

(6) 集成运算放大器 LM358(LM324)、集成功率放大器 LM386、电阻、电容等。

5．实验内容

(1) 按图 4-7-3 所示连接实验电路。通电后将输入端对地短路，用示波器观察输出电压波形，如果发现电路产生自激振荡，则改变 C_4 的容量，直至振荡消除。

(2) 引入 $f = 1$ kHz 正弦交流信号 u_i，用示波器观察输出电压 u_o 的波形，当输出电压达到最大不失真时：

① 测量第一级的电压放大倍数，调节电位器 R_{P1} 的大小，可改变第一级的电压放大倍数；

② 测量电路最大不失真输出功率 P_{om}、直流电源供给的平均功率 P_{DC}，并计算效率 η。

(3) 在音频功率放大电路的输入端引入音频信号试听，调节电位器 R_{P2} 的大小，可以改变 IC_2 输入信号的大小，并调节输出音量。

6．思考题

(1) 自拟实验步骤，计算理论值。

(2) 为了提高电路的效率 η，可以采取哪些措施？

7．实验报告要求

(1) 简述系统工作原理。

(2) 自拟实验报告表格，整理实验数据及波形，并与理论值相比较。

(3) 总结实验体会。

Ⅱ　数字电子技术实验

4.8　基本逻辑门电路的应用

1. 实验目的

(1) 掌握基本门电路构成组合逻辑电路的设计方法，并验证逻辑功能。

(2) 了解组合逻辑电路的测试方法。

2. 预习要求

预习用 SSI 构成组合逻辑电路的方法。

3. 组合逻辑电路的设计

组合逻辑电路的特点是在任一时刻的输出信号仅取决于该时刻的输入信号组合，而与信号作用前电路的输出状态无关。对于每一个逻辑图，有一个逻辑表达式与其对应。一个特定的逻辑问题，其对应的真值表是唯一的，但实现它的逻辑电路是多种多样的。在实际设计工作中，由于某些原因而无法获得某些门电路时，可以通过变换逻辑表达式改变逻辑电路，达到使用其他器件来代替该器件的目的。本节研究用小规模数字集成器件(SSI)组成组合逻辑电路的方法。

(1) 组合逻辑电路设计的一般步骤。分析设计要求，确定输入、输出逻辑变量；根据设计要求列出真值表(设计的成败主要取决于真值表)；根据真值表写出逻辑表达式；用卡诺图或代数法化简，求出最简逻辑表达式(最简是指电路所用的元器件最少，而且器件之间的连线最少)；用标准器件构成逻辑电路；通过实验来验证设计的正确性。用 SSI 构成组合逻辑电路的一般步骤如图 4-8-1 所示。

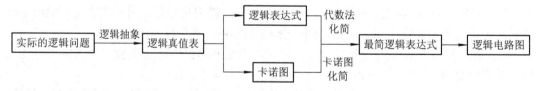

图 4-8-1　用 SSI 构成组合逻辑电路的一般步骤

在较复杂的电路中，还要求逻辑清晰易懂，所以最简的设计不一定是最佳的。但一般来说，在保证速度、稳定可靠与逻辑清晰的条件下，尽量选择使用最少的器件。

(2) 简单组合逻辑电路的设计。设计一个三人表决电路，能完成多数通过的表决功能，即对某一事件进行表决，当有两个或两个以上人同意时，事件通过，否则不通过。要求用与非门实现其功能。

① 设计步骤。逻辑抽样，取三个人的态度(同意、不同意)为输入变量，分别用 A、B、C 表示，表决结果(通过、不通过)为输出变量，用 F 表示；设同意用"1"表示，不同意用"0"表示，通过用"1"表示，不通过用"0"表示。

② 真值表。根据题意可列出三人表决器的真值表，见表 4-8-1。

③ 逻辑函数式。由真值表(见表 4-8-1)求出逻辑函数式：

$$F = \overline{A}BC + A\overline{B}C + AB\overline{C} + ABC$$

表 4-8-1　三人表决器真值表

输 入			输 出
A	B	C	F
0	0	0	0
0	0	1	0
0	1	0	0
0	1	1	1
1	0	0	0
1	0	1	1
1	1	0	1
1	1	1	1

④ 卡诺图。用卡诺图将上述函数式化简成最简与或表达式 $F=AB+BC+AC$，如图 4-8-2 所示。

⑤ 逻辑图。题目要求用与非门实现其功能，所以要将化简后的与或逻辑表达式，再变换为与非逻辑表达式，即

$$F = \overline{\overline{AB} \cdot \overline{BC} \cdot \overline{AC}}$$

由此逻辑函数式可以画出由与非门组成的逻辑图，如图 4-8-3 所示。

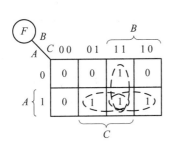

图 4-8-2　卡诺图化简

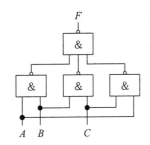

图 4-8-3　三人表决器逻辑图

⑥ 逻辑功能测试。按图 4-8-3 在数字电路实验装置上插接电路，输入变量用实验装置上的逻辑开关模拟(上扳输出 1，下扳输出 0)，逻辑电路输出端连到实验装置上的指示器(输出为 1，发光二极管亮；输出为 0，发光二极管灭)，再按真值表依次改变输入变量，观察相应的输出结果，验证其逻辑功能。

4. 实验设备

(1) 数字电路实验装置；

(2) 万用表；

(3) 2 输入四与门 74LS08、2 输入四或门 74LS32、2 输入四异或门 74LS86、2 输入四与非门 74LS00、4 输入二与非门 74LS20 等元件。

5. 实验内容

(1) 检验集成门电路逻辑功能。2 输入四与门 74LS08

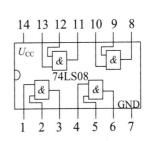

图 4-8-4　74LS08 的引脚排列

的引脚排列如图 4-8-4 所示(74LS32、74LS86、74LS00 的引脚排列类似)。

(2) 组合逻辑电路的设计。

① 设计一位全加器电路，其加数 A_i、被加数 B_i、低位端来的进位用 C_{i-1} 表示，本位和用 S_i 表示，进位用 C_i 表示，用异或门、与门、或门实现。要求写出设计的全过程，最后画出逻辑图，并通过实验，验证其逻辑功能，记录实验数据。其参考电路如图 4-8-5 所示。

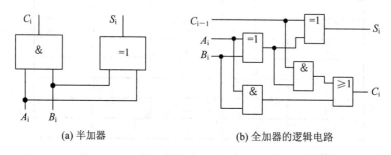

(a) 半加器　　　　　　　　　　　　(b) 全加器的逻辑电路

图 4-8-5　全加器的逻辑电路及半加器的连接示意图

② 设计一位数值比较器，要求列出真值表，写出逻辑表达式，用与非门实现其逻辑功能。

③ 设计一个电子防盗锁电路，要求在锁上设置三个按键 A、B、C，若 A、C 两个键被同时按下，则锁被打开；若按错，则接通电铃报警；用与非门实现其逻辑功能。

④ 用红、黄两个指示灯监视三台电动机的工作情况，当一台电动机出故障时，黄灯亮；两台电动机出故障时，红灯亮；当三台电动机出故障时，红、黄两灯都亮。设计一个满足此要求的控制电路。

⑤ 某同志参加一个进修班，有四门考试课程(A、B、C、D)，规定课程 A 及格得 1 学分，课程 B 及格得 2 学分，课程 C 及格得 3 学分；课程 D 及格得 4 学分，若所得总学分大于 7 分(含 7 分)，就可以结业。试用所学的基本门电路实现发结业证书的逻辑控制电路。

6. 思考题

(1) 设计满足实验要求的组合逻辑电路(2 个以上)。

(2) 设计记录测试数据用的表格。

(3) 与非门能否作为非门使用，其多余的输入端如何处理？

7. 实验报告要求

(1) 说明组合逻辑电路设计过程，按设计要求画出逻辑电路图。

(2) 按照逻辑电路图的要求选择相应器件，在实验装置上搭接实验电路，测试其逻辑功能。

(3) 记录在实验中遇到的问题及解决方法。

(4) 总结组合逻辑电路的设计体会。

4.9　中规模组合逻辑器件的应用

1. 实验目的

(1) 掌握中规模集成译码器、中规模集成数据选择器的逻辑功能及使用方法。

(2) 学习用中规模集成译码器、中规模集成数据选择器设计组合逻辑电路的方法。

2．预习要求

预习译码器和数据选择器的工作原理。

3．实验原理

(1) 译码器。译码器是逻辑电路中的主要部件，可分为两种类型。一种是将一系列代码转化成与之一一对应的有效信号，这种译码器可称为唯一地址译码器。它常用于计算机中对存储器芯片或接口芯片的译码，即将每一个地址代码转换成一个有效信号，从而选中对应芯片。另一种是将一种代码转换成另一种代码，所以也称为代码变换器。根据用途的不同，它有不同的型号，如 3—8 线译码器、七段专用译码器、2—4 线译码器等。这里介绍一种常用的 3—8 线译码器 74LS138。

① 74LS138 的逻辑功能及其引脚。3—8 线译码器用于逻辑函数的产生和数据的分配，是一种多输入、多输出的组合逻辑电路。其逻辑功能如表 4-9-1 所示，其引脚排列如图 4-9-1 所示。

表 4-9-1　3—8 线译码器 74LS138 的逻辑功能

输　　入						输　　出							
G_1	$\overline{G_{2A}}$	$\overline{G_{2B}}$	A_2	A_1	A_0	$\overline{Y_0}$	$\overline{Y_1}$	$\overline{Y_2}$	$\overline{Y_3}$	$\overline{Y_4}$	$\overline{Y_5}$	$\overline{Y_6}$	$\overline{Y_7}$
×	H	×	×	×	×	H	H	H	H	H	H	H	H
×	×	H	×	×	×	H	H	H	H	H	H	H	H
L	×	×	×	×	×	H	H	H	H	H	H	H	H
H	L	L	L	L	L	L	H	H	H	H	H	H	H
H	L	L	L	L	H	H	L	H	H	H	H	H	H
H	L	L	L	H	L	H	H	L	H	H	H	H	H
H	L	L	L	H	H	H	H	H	L	H	H	H	H
H	L	L	H	L	L	H	H	H	H	L	H	H	H
H	L	L	H	L	H	H	H	H	H	H	L	H	H
H	L	L	H	H	L	H	H	H	H	H	H	L	H
H	L	L	H	H	H	H	H	H	H	H	H	H	L

② 74LS138 的应用。例如，用一片 74LS138 实现函数 $L=BC+AB$，方法是：首先，将函数式变换为最小项之和的形式 $L=\overline{A}BC+A\overline{B}C+AB\overline{C}+ABC$；然后，将输入变量 A、B、C 分别接入 74LS138 译码器的 A_2、A_1、A_0 端，并将使能端接有效电平。由于 74LS138 译码器的输出是低电平有效的，因此要将最小项变换成为反函数的形式：

$$L=\overline{\overline{Y_0}\cdot\overline{Y_4}\cdot\overline{Y_6}\cdot\overline{Y_7}}$$

根据此逻辑函数，只要在 74LS138 译码器的输出端加一个与非门，即可实现上述的组合逻辑函数，其逻辑电路如图 4-9-2 所示。

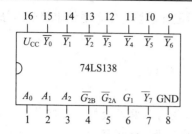

图 4-9-1　74LS138 的引脚排列图

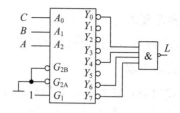

图 4-9-2　用 74LS138 构成的逻辑电路

(2) 数据选择器。数据选择器也是常用的组合逻辑部件之一。它由组合逻辑电路对数字信号进行控制来完成较复杂的逻辑功能。它有若干个数据输入端 D_0，D_1，…，若干个控制输入端(地址端)A_0、A_1、…和输出端 Y、$\overline{Y}$。在控制输入端加上适当的信号，即可从多个输入数据源中，将所需的数据信号选择出来，送到输出端。使用时也可以在控制输入端加上一组二进制编码程序的信号，使电路按要求输出一串信号，所以它也是一种可编程的逻辑部件。

① 中规模集成芯片 74LS153 为双四选一数据选择器，引脚排列如图 4-9-3(a)所示，其中 D_0、D_1、D_2、D_3 为四个数据输入端，Y 为输出端，A_1、A_0 作为地址端，同时控制两个四选一数据选择器的工作，$\overline{G}$ 为使能端。74LS153 的逻辑功能如表 4-9-2 所示，当 $\overline{G}=1$ 时，电路不工作，此时无论 A_1、A_0 处于什么状态，输出 Y 总为零，即禁止所有数据输出；当 $\overline{G}=0$ 时，电路正常工作，被选择的数据送到输出端，如 $A_1A_0=01$，则选中数据 D_1 输出。当 $\overline{G}=0$ 时，74LS153 的逻辑表达式为

$$Y = \overline{A}_1\overline{A}_0 D_0 + \overline{A}_1 A_0 D_1 + A_1 \overline{A}_0 D_2 + A_1 A_0 D_3$$

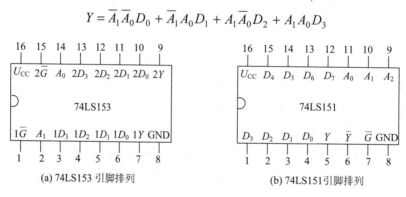

(a) 74LS153引脚排列　　　　　　　　(b) 74LS151引脚排列

图 4-9-3　中规模集成芯片

② 中规模集成芯片 74LS151 为八选一数据选择器，引脚排列如图 4-9-3(b)所示。其中 $D_0 \sim D_7$ 为数据输入端，Y、$\overline{Y}$ 为输出端，A_2、A_1、A_0 为地址端，74LS151 的逻辑功能如表 4-9-3 所示，逻辑表达式为

$$Y = \overline{A}_2\overline{A}_1\overline{A}_0 D_0 + \overline{A}_2\overline{A}_1 A_0 D_1 + \overline{A}_2 A_1\overline{A}_0 D_2 + \overline{A}_2 A_1 A_0 D_3 + A_2\overline{A}_1\overline{A}_0 D_4 + A_2\overline{A}_1 A_0 D_5 + A_2 A_1\overline{A}_0 D_6 + A_2 A_1 A_0 D_7$$

数据选择器是一种通用性很强的中规模集成电路，除了能传递数据外，还可用它设计成数码比较器，变并行码为串行及组成函数发生器等。

③ 数据选择器的应用。用数据选择器可以产生任意组合的逻辑函数，而且线路简单。对于任何给定的两变量、三变量逻辑函数，可用四选一数据选择器来实现；对于三变量、

四变量逻辑函数,可以用八选一数据选择器来实现。应当指出,数据选择器实现逻辑函数时,要求将逻辑函数式变换成最小项表达式,因此,对函数化简是没有意义的。

表 4-9-2　74LS153 的逻辑功能

输	入		输出
$\overline{G}$	A_1	A_0	Y
1	×	×	0
0	0	0	D_0
0	0	1	D_1
0	1	0	D_2
0	1	1	D_3

表 4-9-3　74LS151 的逻辑功能

				输	出
$\overline{G}$	A_2	A_1	A_0	Y	$\overline{Y}$
1	×	×	×	0	1
0	0	0	0	D_0	$\overline{D}_0$
0	0	0	1	D_1	$\overline{D}_1$
0	0	1	0	D_2	$\overline{D}_2$
0	0	1	1	D_3	$\overline{D}_3$
0	1	0	0	D_4	$\overline{D}_4$
0	1	0	1	D_5	$\overline{D}_5$
0	1	1	0	D_6	$\overline{D}_6$
0	1	1	1	D_7	$\overline{D}_7$

　　例 1　用八选一数据选择器实现逻辑函数 $F=AB+BC+CA$(三人表决器),写出 F 的最小项表达式 $F = AB + BC + CA = \overline{A}BC + A\overline{B}C + AB\overline{C} + ABC$。先将函数 F 的输入变量 A、B、C 加到八选一的地址端 A_2、A_1、A_0,再将上述最小项表达式与八选一逻辑表达式进行比较,不难得出 $D_0=D_1=D_2=D_4=0$,$D_3=D_5=D_6=D_7=1$。其逻辑电路如图 4-9-4 所示。

　　例 2　用双四选一数据选择器 74LS151 和基本门电路实现全加器逻辑功能,逻辑电路如图 4-9-5 所示。由于选择器只有两个地址端 A_1、A_0,而全加器有加数 A_i、被加数 B_i、低位端来的进位 C_{i-1} 三个输入变量,先把变量 A_i、B_i、C_{i-1} 分成两组,任选其中两个变量如 A_i、B_i,作为一组加到选择器的地址端 A_1、A_0,余下的一个变量 C_{i-1} 作为另一组加到选择器的数据输入端,将全加器的逻辑函数式与四选一数据选择器的逻辑函数式比较,确定每个数据输入端 $1D_0\sim1D_4$、$2D_0\sim2D_4$ 的状态;本位和 S_i 从 Y_1 端输出,进位 C_i 从 Y_2 端输出。

　　当函数 F 的输入变量小于数据选择器的地址端时,应将不用的地址端及不用的数据输入端都作接地处理。

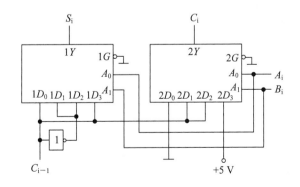

图 4-9-4　三人表决器的逻辑电路

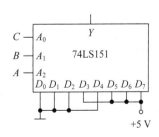

图 4-9-5　用 74LS151 实现全加器的逻辑电路

4．实验设备

(1) 数字电路实验装置；

(2) 万用表；

(3) 双四选一数据选择器 74LS153、八选一数据选择器 74LS151、3—8 线译码器 74LS138 等。

5．实验内容

(1) 分析图 4-9-5 所示逻辑电路的工作原理，写出对应于四选一数据选择器的逻辑函数式，从而确定每个数据输入端 $1D_0 \sim 1D_4$、$2D_0 \sim 2D_4$ 的状态。

(2) 用 3—8 线译码器 74LS138 和基本门电路实现全加器逻辑功能。

(3) 用八选一数据选择器 74LS151 实现任意逻辑函数。

(4) 某机械装置有四个传感器 A、B、C、D，如果传感器 A 的输出为 1，且 B、C、D 三个中至少有两个的输出为 1，整个装置处于正常工作状态，否则装置异常工作，报警设备应发声，即输出为 1。试设计推动报警电路的逻辑电路。要求写出设计的全过程，画出逻辑图，将实验结果填入自己设计的表格。(用中规模集成器件实现)

6．思考题

画出所需要的实验线路图，并设计数据记录表格。

7．实验报告要求

(1) 写出用集成数据选择器和集成译码器设计题目的过程，画出逻辑电路图。

(2) 进行功能测试，记录实验数据。

(3) 总结用中规模集成组合逻辑器件设计组合逻辑电路的体会。

4.10　触　发　器

1．实验目的

(1) 掌握基本 RS 触发器、JK 触发器、D 触发器的逻辑功能。

(2) 了解触发器的测试方法。

(3) 熟悉各类触发器之间逻辑功能相互转换的方法。

2．预习要求

预习有关触发器部分的内容。

3．实验原理

触发器是具有记忆功能的二进制信息存储器件，是时序逻辑电路的基本单元之一。触发器按逻辑功能，可分为 RS、JK、D 触发器等；按电路触发方式，可分为主从型触发器和边沿型触发器两大类。

(1) 基本 RS 触发器。图 4-10-1 所示电路是由两个"与非"门交叉耦合而成的基本 RS 触发器，其功能是完成置"0"和

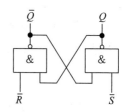

图 4-10-1　基本 RS 触发器

置"1"的任务，是组成各种功能触发器的最基本单元。

(2) JK 触发器。JK 触发器是一种逻辑功能完善、通用性强的集成触发器，在结构上可分为主从型 JK 触发器和边沿型 JK 触发器，在产品中应用较多的是下降边沿触发的边沿型 JK 触发器。JK 触发器的状态方程 $Q^{n+1} = J\overline{Q}^n + \overline{K}Q^n$。其功能表见表 4-10-1，表中 "↓" 表示时钟脉冲下降边沿触发，$\overline{R}_D$ 为复位端，$\overline{S}_D$ 为置数端。$J=K=1$ 时，触发器翻转的次数可用来计算 CP 端时钟脉冲的个数(触发器的计数状态)。图 4-10-2 所示的是 74LS112 型双 JK 集成触发器引脚图。

表 4-10-1　JK 集成触发器 74LS112 功能表

输　入					输　出	
$\overline{S}_D$	$\overline{R}_D$	CP	J	K	Q^{n+1}	$\overline{Q}^{n+1}$
0	1	×	×	×	1	0
1	0	×	×	×	0	1
0	0	×	×	×	φ	φ
1	1	↓	0	0	Q^n	$\overline{Q}^n$
1	1	↓	1	0	1	0
1	1	↓	0	1	0	1
1	1	↓	1	1	$\overline{Q}^n$	Q^n

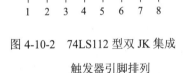

图 4-10-2　74LS112 型双 JK 集成
触发器引脚排列

注：×—任意态；↓—高到低电平跳变；↑—低到高电平跳变；
$Q^n(\overline{Q}^n)$—现态；$Q^{n+1}(\overline{Q}^{n+1})$—次态；$\varphi$—不定态。

(3) D 触发器。D 触发器是另一种使用广泛的触发器，它的基本结构多为维特阻塞型。D 触发器多是在时钟脉冲上升沿触发翻转，触发器的状态取决于 CP 脉冲到来之前 D 端的状态。D 触发器的状态方程为 $Q^{n+1} = D$。其功能表见表 4-10-2，表中 "↑" 表示时钟脉冲上升沿触发，$\overline{R}_D$ 为复位端，$\overline{S}_D$ 为置数端。图 4-10-3 所示是 74LS74 型双 D 集成触发器引脚图。

表 4-10-2　D 集成触发器(74LS74)功能表

输　入				输　出	
$\overline{S}_D$	$\overline{R}_D$	CP	D	Q^{n+1}	$\overline{Q}^{n+1}$
0	1	×	×	1	0
1	0	×	×	0	1
0	0	×	×	φ	φ
1	1	↑	1	1	0
1	1	↑	0	0	1

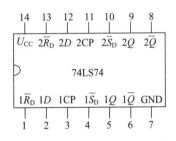

图 4-10-3　74LS74 型双 D 集成触发器引脚排列

注：其中的符号含义同表 4-10-1。

(4) 触发器之间的转换。在集成触发器的产品中，每一种触发器都有固定的逻辑功能，可以利用转换的方法得到其他功能的触发器。例如，如果把 JK 触发器的 J、K 端连在一起 (称为 T 端)，就构成 T 触发器，状态方程为 $\overline{Q}^{n+1} = T\overline{Q}^n + \overline{T}Q^n$ 在 CP 脉冲作用下，当 $T=0$ 时，$Q^{n+1} = Q^n$；$T=1$ 时，$Q^{n+1} = \overline{Q}^n$。工作在 $T=1$ 时的 JK 触发器称为 T' 触发器，即每来一个

CP 脉冲，触发器便翻转一次(触发器的计数状态)。同样，若把 D 触发器的 $\overline{Q}$ 端和 D 端相连，便转换成 T′ 触发器。T 和 T′ 触发器广泛应用于计数电路中。

4. 实验设备

(1) 数字电子技术实验装置；

(2) 示波器；

(3) 双 JK 触发器 74LS112 一只，双 D 触发器 74LS74 一只，2 输入四与非门 74LS00。

5. 实验内容

(1) 测试逻辑功能。按图 4-10-1 所示用与非门 74LS00 构成基本 RS 触发器。输入端 $\overline{R}$、$\overline{S}$ 接逻辑开关，输出端 Q、$\overline{Q}$ 接电平指示器，按表 4-10-3 的要求测试逻辑功能。

(2) 测试双 JK 触发器 74LS112 逻辑功能。

① 测试 $\overline{R}_D$、$\overline{S}_D$ 的复位、置位功能。将 JK 触发器的 $\overline{R}_D$、$\overline{S}_D$、J、K 端接逻辑开关，CP 端接单次脉冲源，Q、$\overline{Q}$ 端接电平指示器，在 $\overline{R}_D$=0($\overline{S}_D$=1)或 $\overline{S}_D$=0($\overline{R}_D$=1)作用期间，任意改变 J、K 及 CP 的状态，观察 Q、$\overline{Q}$ 状态。

② 测试 JK 触发器的逻辑功能。当 $\overline{S}_D$=1，$\overline{R}_D$=1 时，按表 4-10-4 要求改变 J、K、CP 端状态，观察 Q、$\overline{Q}$ 状态变化，观察触发器状态更新是否发生在 CP 脉冲的下降沿(即 CP 由 1→0)。

③ 测试 T 触发器的逻辑功能。将 JK 触发器的 J、K 端连在一起，构成 T 触发器。CP 端输入 1 kHz 连续脉冲，用电平指示器观察 Q 端变化情况。CP 端输入 1 kHz 连续脉冲，用双踪示波器观察 CP、Q、$\overline{Q}$ 的波形。

④ 测试双 D 触发器 74LS74 的逻辑功能。测试 $\overline{R}_D$、$\overline{S}_D$ 的复位、置位功能，测试 D 触发器的逻辑功能，按表 4-10-5 的要求进行测试，并观察触发器状态更新，是否发生在 CP 脉冲的上升沿(即由 0→1)。

表 4-10-3　RS 触发器的测试

$\overline{R}$	$\overline{S}$	Q	$\overline{Q}$
1	1→0		
1	0→1		
1→0	1		
0→1	1		
0	0		

表 4-10-4　JK 触发器的功能测试

控制		时钟	Q^{n+1}	
J	K	CP	$Q^n=0$	$Q^n=1$
0	0	0→1		
0	0	1→0		
0	1	0→1		
0	1	1→0		
1	0	0→1		
1	0	1→0		
1	1	0→1		
1	1	1→0		

表 4-10-5　D 触发器的功能测试

D	CP	Q^{n+1}	
		$Q^n=0$	$Q^n=1$
0	0→1		
0	1→0		
1	0→1		
0	1→0		

⑤ 测试 T′ 触发器的逻辑功能。将 D 触发器的 $\overline{Q}$ 端与 D 端相连接，构成 T′触发器，测试逻辑功能。

6．思考题

(1) 画出各触发器功能测试图。

(2) JK 触发器和 D 触发器在实现正常逻辑功能时，$\overline{R}_D$、$\overline{S}_D$ 应处于什么状态?

7．实验报告要求

(1) 列表整理各类型触发器的逻辑功能。

(2) 当 $J=K=1$ 时，画出 JK 触发器的输出 Q、$\overline{Q}$ 端随 CP 变化的波形。

(3) 总结 JK 触发器 74LS112 和 D 触发器 74LS74 的特点。

4.11　计　数　器

1．实验目的

(1) 掌握用 D 触发器、JK 触发器构成计数器的方法。

(2) 熟悉中规模集成计数器的逻辑功能及测试方法。

(3) 学习用中规模集成计数器设计任意进制计数器的方法。

2．实验原理

所谓计数，就是统计脉冲的个数。计数器是实现计数操作的时序逻辑电路，计数器的应用十分广泛，不仅用来计数，也可以实现分频、定时等功能。按计数功能，可分为加法、减法和可逆计数器;根据计数体制，可分为二进制和任意进制计数器;根据计数脉冲引入方式，又有同步和异步计数器之分。

(1) 用 D 触发器构成异步二进制加法计数器和减法计数器。图 4-11-1 是用四只 D 触发器构成的四位二进制异步加法计数器，它的连接特点是将每只 D 触发器接成 T′触发器形式，再由低位触发器的 Q 端和高一位的 CP 端相连接，即构成异步加法计数方式。若把图 4-11-1 稍加改动，即将低位触发器的 Q 端和高一位的 CP 端相连接，即构成了减法计数功能。

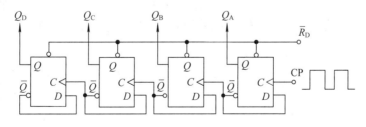

图 4-11-1　四位二进制异步加法计数器

(2) 用 JK 触发器构成同步十进制加法计数器。所谓同步，即每一个触发器的 CP 端用同一个时钟脉冲触发。各触发器在脉冲触发下是否翻转，取决于 J、K 端的控制信号。同步十进制加法计数器逻辑图如图 4-11-2 所示。

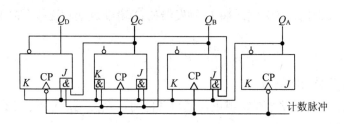

图 4-11-2　同步十进制加法计数器

(3) 中规模集成计数器的应用。中规模集成计数器品种多，功能完善，通常具有预置、保持、计数等多种功能。常用的有 4 位二进制同步计数器 74LS161、同步十进制可逆计数器 74LS192 和二-五-十进制计数器 74LS290 等。

① 同步十进制可逆计数器 74LS192。表 4-11-1 为 74LS192 的功能表。74LS192 同步十进制可逆计数器具有双时钟输入，可以执行十进制加法和十进制减法计数，并具有清除、置数等功能。其引脚排列如图 4-11-3 所示。其中，$\overline{\text{LD}}$ 为置数端；CP_U 为加计数端；CP_D 为减计数端；$\overline{\text{CO}}$ 为非同步进位输出端；$\overline{\text{BO}}$ 为非同步借位输出端；Q_A、Q_B、Q_C、Q_D 为计数器输出端；D_A、D_B、D_C、D_D 为数据输入端；CR 为清零端。

表 4-11-1　74LS192 的功能表

输　　入									输　　出			
清零	预置	时钟		预置数据输入								
CR	$\overline{\text{LD}}$	CP_U	CP_D	D_D	D_C	D_B	D_A	Q_D	Q_C	Q_B	Q_A	
1	×	×	×	×	×	×	×	0	0	0	0	
0	0	×	×	D_3^*	D_2^*	D_1^*	D_0^*	D_3^*	D_2^*	D_1^*	D_0^*	
0	1	↑	1	×	×	×	×	加计数				
0	1	1	↑	×	×	×	×	减计数				

注：D_n^* 表示 CP 脉冲上升沿之前瞬间 D_n 的电平。

② 4 位二进制同步计数器 74LS161。74LS161 可实现同步十六进制加法计数器，其功能如表 4-11-2 所示。从表中可以看出，该计数器具有上升沿触发的加法计数功能，还具有异步清零、同步置数、正常保持和不进位保持等功能。其引脚图如图 4-11-4 所示。

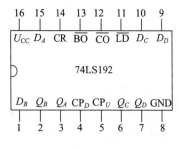

图 4-11-3　74LS192 引脚图

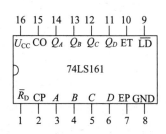

图 4-11-4　74LS161 引脚图

表 4-11-2　74LS161 的功能表

输入										输出			
清零	预置	使能		时钟	预置数据输入					输出			
$\overline{CR}$	$\overline{LD}$	EP	ET	CP	D_3	D_2	D_1	D_0		Q_3	Q_2	Q_1	Q_0
L	×	×	×	×	×	×	×	×		L	L	L	L
H	L	×	×	↑	D_3^*	D_2^*	D_1^*	D_0^*		D_3^*	D_2^*	D_1^*	D_0^*
H	H	L	×	×	×	×	×	×		保持			
H	H	×	L	×	×	×	×	×		保持			
H	H	H	H	↑	×	×	×	×		计数			

注：D_n^* 表示 CP 脉冲上升沿之前瞬间 D_n 的电平。

③ 用集成计数器构成任意进制计数器。尽管集成计数器种类很多，但也不可能任一进制都有其对应的产品。在需要时，可以用成品计数器外加适当的门电路连接成任意进制计数器。图 4-11-5 所示为 74LS161 构成的九进制计数器。

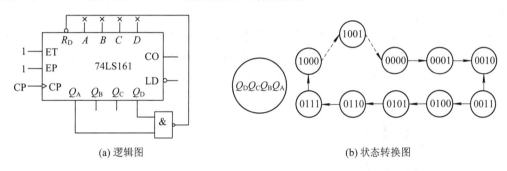

(a) 逻辑图　　　　　　　　　　　　　　　　　　　　(b) 状态转换图

图 4-11-5　74LS161 构成的九进制计数器(反馈清零法)

74LS161 在计数过程中有 16 种状态，它可以实现十六进制以内的任意进制计数功能。图 4-11-5(a)、(b)为用反馈清零法构成的九进制计数器的逻辑图、状态转换图；图 4-11-6(a)、(b)为用反馈置数法构成的九进制计数器的逻辑图、状态转换图。

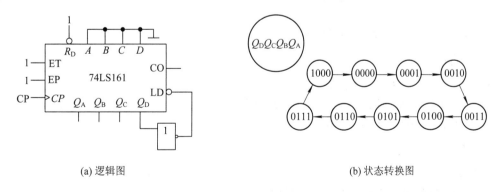

(a) 逻辑图　　　　　　　　　　　　　　　　　　　　(b) 状态转换图

图 4-11-6　反馈置数法构成的九进制计数器

④ 计数器的级联使用。一只十进制计数器只能计 0~9 十个数，在实际应用中要计的数往往很大，一位数是不够的，解决这个问题的办法就是把几个十进制计数器级联使用，以扩大计数范围。图 4-11-7 为两片 74LS192 构成的三十进制递减计数器。

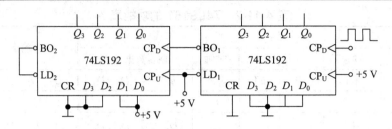

图 4-11-7　两片 74LS192 构成的三十进制递减计数器逻辑图

(4) 译码及显示。计数器输出端的状态反映了计数脉冲的多少，为了把计数器的输出显示为相应的十进制数，需要接上译码器和显示器。二-十进制译码器是将二进制代码译成十进制数字，去驱动十进制的数字显示器件，显示 0~9 十个数字。由于各种数字显示器件的工作方式不同，因而对译码器的要求也不一样。中规模集成七段译码器 CD4511 用于共阴极显示器，可以与 LED 数码管 BS201 或 BS202 配套使用。CD4511 可以把 8421 编码的十进制数译成七段输出 a、b、c、d、e、f、g，用以驱动共阴极 LED。图 4-11-8 为计数、译码、显示的结构框图。

在实验装置上还配置了两只已完成了译码器和显示器之间连接的数码管，实验时只要将十进制计数器的输出端 Q_A、Q_B、Q_C、Q_D 直接连接到译码器的相应输入端 A、B、C、D 端，即可显示 0~9 十个数字，如图 4-11-9 所示。

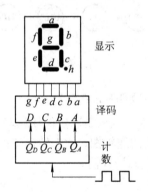

图 4-11-8　计数、译码、显示的结构框图

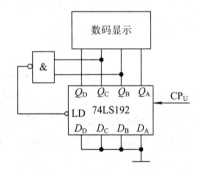

图 4-11-9　十进制加法计数器

3. 实验设备

(1) 数字电子技术实验装置；

(2) 双 D 触发器 74LS74 两只、双 JK 触发器 74LS112 两只、同步十进制可逆计数器 74LS192 两个、2 输入四与门 74LS00 一个。

4. 实验内容

(1) D 触发器的应用。

① 测试 D 触发器 74LS74 芯片的逻辑功能。

② 用 74LS74 芯片构成四位二进制异步计数器。取两片 74LS74，先把 D 触发器接成 T′触发器，验证逻辑功能，待各触发器工作正常后，再把它们按图 4-11-1 所示的电路进行连接。R_D 端接低电平，最低位的 CP 端接单次脉冲源，输出端 Q_0~Q_7 接电平指示器。为防

止干扰各触发器，S_D 端应接高电平。清零后，由最低位触发器的 CP 端逐个送入单次脉冲，用实验装置上的显示器(发光二极管)观察其计数结果，并列表记录 $Q_0 \sim Q_7$ 状态；将单次脉冲改为频率为 1 kHz 的连续脉冲，用双踪示波器观察 CP、$Q_0 \sim Q_7$ 波形。

③ 将图 4-11-1 电路中的低位触发器的 Q 端和高一位触发器的 CP 端相连接，构成减法计数器，重复上述内容。

(2) JK 触发器的应用。

① 测试 JK 触发器的逻辑功能。

② 用两片 74LS112 和一片 74LS00 连接成同步十进制加法计数器，其逻辑电路如图 4-11-2 所示。用 LED 七段显示器(数码管)观察计数结果。

(3) 集成计数器 74LS161 的应用。

① 测试 74LS161 四位二进制加法计数器的逻辑功能，计数脉冲由单次脉冲源提供，清零端 $\overline{CR}$、置数端 $\overline{LD}$、数据输入端 D_A、D_B、D_C、D_D 分别接逻辑开关，输出端 Q_A、Q_B、Q_C、Q_D 分别接实验台上译码器的相应输入端 A、B、C、D，按表 4-11-2 逐项测试 74LS161 的逻辑功能，判断此集成块功能是否正常。

② 参考图 4-11-5 和图 4-11-6，将 74LS161 连接成任意进制加法计数器，观察其计数状态。

(4) 十进制可逆计数器 74LS192 的应用。

① 测试 74LS192 十进制可逆计数器的逻辑功能。计数脉冲由单次脉冲源提供，清零端 $\overline{CR}$、置数端 $\overline{LD}$、数据输入端 D_A、D_B、D_C、D_D 分别接逻辑开关，输出端 Q_A、Q_B、Q_C、Q_D 分别接实验台上译码器的相应输入端 A、B、C、D。按表 4-11-1 逐项测试 74LS192 的逻辑功能，判断此集成块功能是否正常。

② 将 74LS192 连接成任意进制加法计数器，参考图 4-11-9。

③ 用两片 74LS192 构成三十进制递减计数器，输出端接数码显示器。

按图 4-11-7 插接电路，分别观测每一片的测试结果，分析其工作过程。

5．思考题

(1) 拟出实验中所需的测试表格。

(2) 分析三十进制递减计数器的工作原理；设计三十进制递加计数的逻辑电路。

(3) 设计一个用 74LS161 及 74LS00 构成的二十四进制加法计数器。

6．实验报告要求

(1) 画出实验用逻辑电路。

(2) 整理实验数据，并画出波形图。

(3) 总结用中规模集成计数器设计任意进制计数器的方法。

4.12 移位寄存器的应用

1．实验目的

(1) 掌握中规模四位双向移位寄存器逻辑功能及测试方法。

(2) 了解用移位寄存器构成串行、并行及环形计数器的方法。

2. 预习要求

预习 74LS194 的引脚排列及逻辑功能。

3. 实验原理

在数字系统中能寄存二进制信息并进行移位的逻辑部件称为移位寄存器。其移位存储信息的方式有串入串出、串入并出、并入串出、并入并出四种形式，移位方向有左移、右移两种。

本实验采用四位双向通用移位寄存器，型号为 74LS194，引脚排列如图 4-12-1 所示。

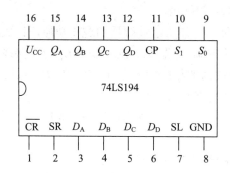

图 4-12-1　74LS194 引脚排列

图中，D_A、D_B、D_C、D_D 为并行输入端；Q_A、Q_B、Q_C、Q_D 为并行输出端；SR 为右移串行输入端，SL 为左移串行输入端；S_1、S_0 为操作模式控制端；$\overline{CR}$ 为直接无条件清零端；CP 为时钟输入端。74LS194 有四种不同的操作模式：$S_1S_0 = 00$ 为保持；$S_1S_0 = 01$ 为右移；$S_1S_0 = 10$ 为左移；$S_1S_0 = 11$ 为并行寄存。其功能如表 4-12-1 所示。

表 4-12-1　74LS194 功能表

| 输　入 | | | | | | | | | | | 输　出 | | | |
| 清零 | 控制 | | 串行输入 | | 时钟脉冲 | 并行输入 | | | | | | | |
$\overline{CR}$	S_1	S_0	左移 SL	右移 SR	CP	D_A	D_B	D_C	D_D	Q_A	Q_B	Q_C	Q_D
L	×	×	×	×	×	×	×	×	×	L	L	L	L
H	×	×	×	×	H(L)	×	×	×	×	Q_A^n	Q_B^n	Q_C^n	Q_D^n
H	H	H	×	×	↑	D_0^*	D_1^*	D_2^*	D_3^*	D_0^*	D_1^*	D_2^*	D_3^*
H	L	H	×	H	↑	×	×	×	×	H	Q_A^n	Q_B^n	Q_C^n
H	L	H	×	L	↑	×	×	×	×	L	Q_A^n	Q_B^n	Q_C^n
H	H	L	H	×	↑	×	×	×	×	Q_A^n	Q_B^n	Q_C^n	H
H	H	L	L	×	↑	×	×	×	×	Q_A^n	Q_B^n	Q_C^n	L
H	L	L	×	×	×	×	×	×	×	Q_A^n	Q_B^n	Q_C^n	Q_D^n

移位寄存器应用很广，可构成移位寄存器型计数器、顺序脉冲发生器、串行累加器；可用作数据转换，即把串行数据转换为并行数据，或把并行数据转换为串行数据等。本实

验研究移位寄存器用作环形计数器和串行累加器的情况。

把移位寄存器的输出反馈到它的串行输入端，就可以进行循环移位，如图 4-12-2(a)所示。图中把输出端 Q_D 和右移串行输入端 SR 相连接，置初始状态 $Q_AQ_BQ_CQ_D=1000$，则在时钟脉冲作用下，$Q_AQ_BQ_CQ_D$ 将依次变为 0100→0010→0001→1000→…，其波形如图 4-12-2(b)所示，可见它是一个具有四个有效状态的计数器。图 4-12-2(a)所示的电路，可以由寄存器的各个输出端输出在时间上有先后顺序的脉冲，因此也可作为顺序脉冲发生器。

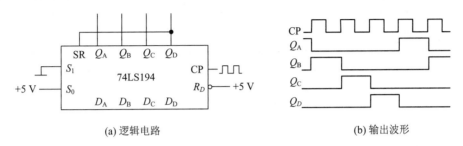

| (a) 逻辑电路 | (b) 输出波形 |

图 4-12-2　环形计数器

中规模集成移位寄存器，其位数往往以四位居多，当需要的位数多于四位时，可用级联的方法来扩展这几片移位寄存器的位数。

4．实验设备

(1) 数字电子技术实验装置；

(2) 双踪示波器；

(3) 万用表(指针式或数字式)；

(4) 四位双向移位寄存器 74LS194、2 输入四与非门 74LS00。

5．实验内容

(1) 测试 74LS194 的逻辑功能。按图 4-12-3 接线，$\overline{CR}$、S_1、S_0、SL、SR、D_A、D_B、D_C、D_D 分别接逻辑开关，Q_A、Q_B、Q_C、Q_D 接电平指示器，CP 接单次脉冲源，按表 4-10-2 所规定的输入状态逐项进行测试，将结果记入表中。

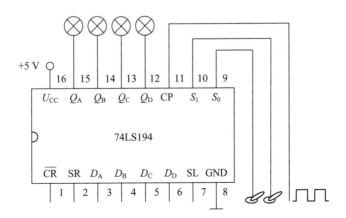

图 4-12-3　74LS194 的逻辑功能测试图

表 4-12-2　74LS194 的逻辑功能测试

清除	模式		时钟	串行		输入	输出	功能总结说明
$\overline{CR}$	S_1	S_0	CP	SL	SR	$D_A D_B D_C D_D$	$Q_A Q_B Q_C Q_D$	
0	×	×	×	×	×	× × × ×		
1	1	1	↑	×	×	1 0 1 0		
1	0	1	↑	×	0	× × × ×		
1	0	1	↑	×	1	× × × ×		
1	0	1	↑	×	0	× × × ×		
1	0	1	↑	×	0	× × × ×		
1	1	0	↑	1	×			
1	1	0	↑	1	×	× × × ×		
1	1	0	↑	1	×	× × × ×		
1	1	0	↑	1	×	× × × ×		
1	0	0	↑	×	×	× × × ×		

注：CMOS CC4194 四位双向移位寄存器与 TTL 74LS194 功能相同。

① 清零：令 $\overline{CR} = 0$，其他输入均为任意状态，这时寄存器输出 Q_A、Q_B、Q_C、Q_D 均为零。清零功能完成后，置 $\overline{CR} = 1$。

② 置数：令 $\overline{CR} = S_1 = S_0 = 1$，送入任意四位二进制数，如 $D_A D_B D_C D_D = 1010$，加 CP 脉冲，观察 CP = 0，CP 由 0→1，CP 由 1→0 三种情况下寄存器输出状态的变化情况，分析寄存器输出状态变化是否发生在 CP 脉冲上升沿。

③ 右移：令 $\overline{CR} = 1$，$S_1 = 0$，$S_0 = 1$，清零或用并行置数法预置寄存器输出。由右移输入端 SR 送入二进制数码，如"0101"，由 CP 端连续加四个脉冲，观察输出端情况。

④ 左移：令 $\overline{CR} = 1$，$S_1 = 1$，$S_0 = 0$，先清零或预置数，由左移输入端 SL 送入二进制数码，如"0101"，连续加四个 CP 脉冲，观察输出端情况。

⑤ 保持：寄存器预置任意四位二进制数码"1101"，令 $\overline{CR} = 1$，$S_1 = S_0 = 0$，加 CP 脉冲，观察寄存器的输出状态。

(2) 循环形移位。将图 4-12-3 电路中的 Q_D 与 SR 直接连接，其他接线均不变动，用并行置数法预置寄存器输出为某二进制数码(如"0001")，然后进行右移循环，观察寄存器输出端变化，记录其变化规律。

(3) 移位集成寄存器的级联。用两片 74LS194 寄存器构成八位双向移位寄存器，电路如图 4-12-4 所示。

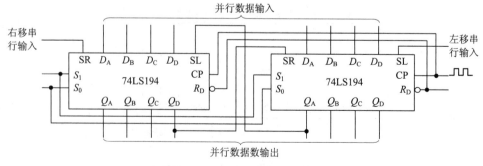

图 4-12-4　8 位双向移位寄存器

(4) 序列脉冲产生器。用 74LS194 设计一个序列脉冲产生器，序列信号为 "11010"。

6. 思考题

(1) 画出实验电路，列出测试用的表格。

(2) 若进行循环左移，电路应如何连接?

7. 实验报告要求

(1) 分析表 4-12-2 的实验结果，总结移位寄存器 74LS194 的逻辑功能。

(2) 根据实验内容(2)的结果，画出四位环形计数器的状态转换图及波形图。

4.13 集成定时器的应用

1. 实验目的

(1) 了解集成定时器的电路结构和工作原理。

(2) 熟悉集成定时器的典型应用。

2. 实验原理

集成定时器是一种模拟、数字混合型的中规模集成电路，只要外接适当的电阻、电容等元件，即可方便地构成单稳态触发器、多谐振荡器、施密特触发器等脉冲产生或波形变换电路。经常使用的是单定时器和双定时器两种。单定时器是在一个芯片上集成一个定时电路，型号是 555;双定时器是在一个芯片上集成两个相同的定时电路，型号是 556。它们可以用双极型工艺制成，也可以采用 CMOS 工艺制成，结构和工作原理基本相似。采用 CMOS 工艺制成的器件型号是 7555、7556。通常双极型定时器具有较大的驱动能力，而 CMOS 定时器则具有功耗低、输入阻抗高等优点。555、556 的引脚排列如图 4-13-1(a)、(b) 所示，555 的功能表见表 4-13-1。

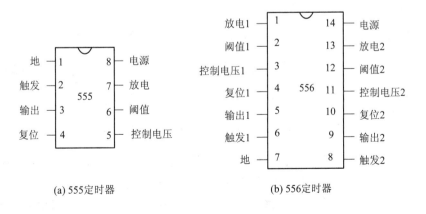

(a) 555定时器　　　　　　(b) 556定时器

图 4-13-1　集成定时器的引脚图

表 4-13-1　　555 定时器功能表

输　　入			输　　出	
阈值输入(u_{i1})	触发输入(u_{i2})	复位($\overline{R_D}$)	输出(u_o)	放电管(V)
×	×	0	0	导通
$< \frac{2}{3}U_{CC}$	$< \frac{1}{3}U_{CC}$	1	1	截止
$> \frac{2}{3}U_{CC}$	$> \frac{1}{3}U_{CC}$	1	0	导通
$< \frac{2}{3}U_{CC}$	$> \frac{1}{3}U_{CC}$	1	不变	不变

(1) 单稳态触发器。单稳态触发器在外来脉冲作用下，能够输出一定幅度与宽度的脉冲，输出脉冲的宽度就是暂稳态的持续时间 t_w。图 4-13-2(a)所示电路是由 555 定时器和外接定时元件 R、C 构成的单稳态触发器。触发信号 u_i 加于触发输入端 2 脚，输出信号 u_o 由 3 脚引出。

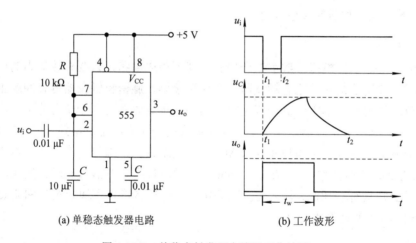

(a) 单稳态触发器电路　　　　　　　　(b) 工作波形

图 4-13-2　单稳态触发器电路及工作波形

在触发输入端未加触发信号时，电路处于初始稳态，单稳态触发器的输出 u_o 为低电平。在 $t = t_1$ 时，在 u_i 端加一个具有一定幅值的负脉冲，2 端电位小于 $\frac{1}{3}U_{CC}$，电路翻转，3 端 u_o 从低电平跳变为高电平(内部放电晶体管截止)，电源电压 U_{CC} 经 R 给电容 C 充电，暂稳态开始。u_C 按指数规律增加，当 u_C 上升到 $\frac{2}{3}U_{CC}$ 时，输出 u_o 从高电平返回低电平，暂稳态终止。同时内部晶体管导通，电容 C 上的电压经其放电，u_C 迅速下降到零，电路回到初始稳态，为下一个触发脉冲的到来作好准备。其工作波形如图 4-13-2(b)所示。输出电压脉宽即暂稳态的持续时间 t_w 取决于外接元件 R、C 的大小，改变 R、C，可使 t_w 在几微秒到几十分钟之间变化。如果忽略晶体管 V 的饱和压降，则 u_C 从零电平上升到 $2U_{CC}/3$ 的时间，即输出电压 u_o 的脉宽 t_w：

$$t_w = RC \ln 3 \approx 1.1RC$$

(2) 多谐振荡器。多谐振荡器也称无稳态触发器，它没有稳定状态，只有两个暂稳态，而且不需要外接触发脉冲。图 4-13-3 所示的电路是由 555 定时器和外接元件 R_1、R_2、C 构成的多谐振荡器。接通电源后，电压 U_{CC} 经 R_1、R_2 给电容 C 充电，电压 u_C 按指数规律上升。当 u_C 上升到 $\frac{2}{3}U_{CC}$ 时，输出 u_o 变为低电平。(内部晶体管 V 导通)电容 C 通过 R_2 和 V 放电。当 u_C 下降到 $\frac{1}{3}U_{CC}$ 时，输出 u_o 变为高电平，(内部晶体管 V 截止)U_{CC} 又经 R_1、R_2 给电容 C 充电，自动重复上述过程。其工作波形如图 4-13-3(b)所示。改变 R_1、R_2 的值，可以改变输出波形的占空系数；改变 C 的值，可以改变周期，而不影响占空系数。

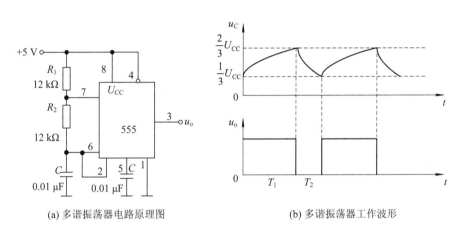

(a) 多谐振荡器电路原理图　　　　　　　　(b) 多谐振荡器工作波形

图 4-13-3　多谐振荡器电路及工作波形

$$T_1 = (R_1 + R_2)C \ln 2 \approx 0.7(R_1 + R_2)C$$
$$T_2 = R_2 C \ln 2 \approx 0.7 R_2 C$$

$$f = \frac{1}{T_1 + T_2} = \frac{1.43}{(R_1 + 2R_2)C}$$

3. 实验设备

(1) 数字电子技术实验装置；

(2) 双踪示波器；

(3) 信号源及频率计；

(4) 555 定时器两片，电阻、电容等。

4. 实验内容

(1) 用 555 定时器组成单稳态触发器。按图 4-13-2 连接实验线路。U_{CC} 接+5 V 电源，输入信号 u_i 由单次脉冲源提供，用双踪示波器观察并记录 u_i、u_C、u_o 的输出幅度与暂稳时间。将 R 改为 10 kΩ、C 改为 0.01 μF，输入端送 1 kHz 连续脉冲，观察并记录 u_i、u_C、u_o 波形，标出幅度与暂稳时间。

(2) 多谐振荡器。按图 4-13-3 连接实验线路。用示波器观察并记录 u_C、u_o 的波形，标

出幅度和周期。

(3) 双音频信号发生器。用两片 555 定时器构成一个双音频信号发生器，参考电路如图 4-13-4 所示。调节定时元件，振荡器Ⅰ振荡频率较低，并将其输出 u_{o1} 接到振荡器Ⅱ的电压控制端，当振荡器Ⅰ输出高电平时，振荡器Ⅱ的振荡频率较低，当Ⅰ输出低电平时，振荡器Ⅱ的振荡频率较高，从而使振荡器Ⅱ输出两种频率有明显差别的信号。按图 4-13-4 接好实验线路，调换外接阻容元件，试听音响效果。

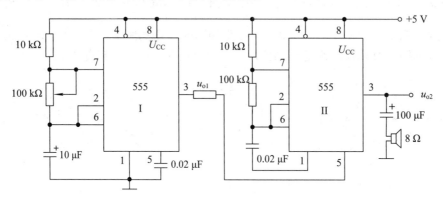

图 4-13-4　双音频信号发生器

5. 思考题

(1) 设计实验数据记录用的表格。

(2) 555 定时器构成的单稳态触发器输出脉冲宽度和周期由什么决定?

(3) 单稳态电路的输出脉冲宽度 t_w 大于触发信号的周期时，将会出现什么现象?

(4) 计算多谐振荡器的振荡周期。

6. 实验报告要求

(1) 画出实验电路，整理实验数据并与理论值进行比较。

(2) 绘出电路中各点的波形，分析实验结果。

4.14　简易电子秒表

1. 实验目的

(1) 综合应用多谐振荡器、RS 触发器以及计数、译码、显示等单元电路构成电子秒表。

(2) 掌握秒脉冲发生器的设计方法和计数译码器的工作原理。

(3) 了解秒表的功能及组成原理。

(4) 学习电子秒表的调试方法。

2. 预习要求

预习数字电路中基本 RS 触发器、时钟发生器及计数器等部分的内容。

3. 实验原理

图 4-14-1 为电子秒表的原理图，下面将其按功能分成四个单元进行分析。

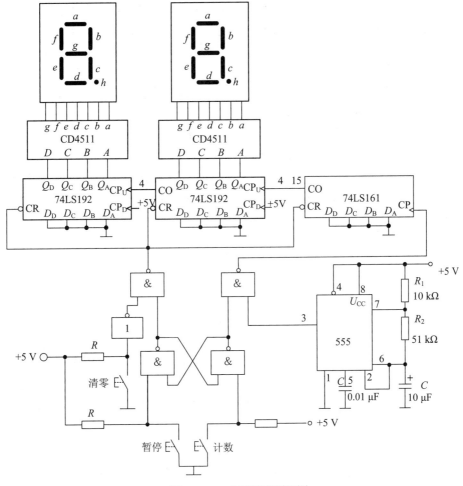

图 4-14-1　电子秒表原理图

(1) 基本 RS 触发器。图 4-14-1 中用集成与非门构成的基本 RS 触发器，属低电平直接触发的触发器，有直接置位、复位的功能。它的一路输出作为组合电路的一个输入，是允许清零的控制端；另一路输出作为组合电路的另一个输入，是允许秒脉冲通过的控制信号。

(2) 时钟脉冲发生器。图 4-14-1 中用 555 定时器构成的多谐振荡器和 74LS161 构成的分频器组成了秒脉冲发生器，作为计数器的时钟脉冲。

(3) 计数及译码显示。图 4-14-1 中两片计数器 74LS192 构成 0～99 进制加法计数器，是电子秒表的计数单元。其输出端与实验台上译码显示单元的相应输入端连接，可显示 1～99 s 的计时。

4．实验设备

(1) 数字电子技术实验装置；

(2) 万用表、数字频率计、示波器；

(3) 555 定时器、与非门 74LS00、加减计数器 74LS192、CD4511 译码器、数码显示器。

5．实验内容

插接组装电路之前，需合理安排各器件在实验台上的位置，以便连线时电路逻辑清楚，

接线较短。实验时将各单元电路逐个进行接线和调试，即分别测试基本 RS 触发器，时钟脉冲发生器及各计数器的逻辑功能，待各单元电路工作正常后，再将有关电路逐级连接起来进行测试，直到完成电子秒表整个电路功能的测试。这样的测试方法有利于检查和排除故障，保证实验顺利进行。

(1) 基本 RS 触发器测试。按下"暂停"按钮，则门 1 输出为 1，门 2 输出为 0；再按下"启动"按钮，门 2 输出由 0 变为 1。

(2) 辅助时序控制电路。当门 1 输出为 1、门 2 输出为 0 时，按下"清零"按钮，计数器清 0；当门 1 输出为 0、门 2 输出为 1 时，计数器开始计数。

(3) 时钟脉冲发生器的测试。时钟脉冲发生器由 555 构成的多谐振荡器和分频电路等组成，多谐振荡器的工作原理和测试方法见 555 定时器的应用。

(4) 计数器的测试。引入单次脉冲，分别检查两片计数器的功能。

(5) 电子秒表的整体测试。各单元电路测试正常后，按图 4-14-1 把几个单元电路连接起来，进行电子秒表的总体测试。按下"暂停"按钮，则 RS 触发器中对应于"暂停"按钮的与非门输出为高电平，RS 触发器中另一个与非门输出为低电平，封锁计数脉冲；按下"清零"按钮，计数器清零；"清零"按钮复位后，计数器状态保持不变；再按下"计数"按钮，则 RS 触发器中对应于"计数"按钮的与非门输出为高电平，计数脉冲加到 74LS161 的 CP 端，起动秒表计数功能；计数器计数并通过数码管显示时间，再按下"暂停"按钮，则 RS 触发器中对应于"暂停"按钮的与非门输出为高电平，RS 触发器中另一个对应于"计数"按钮的与非门则输出为低电平，封锁计数脉冲，秒表停止计时并保持原状态，即保持所计的数字，等待读取数据，直至被清零。基本 RS 触发器在电子秒表中的职能是起动和暂停秒表的计数工作。

6. 思考题

(1) 确定多谐振荡器的参数以及 74LS161 的计数状态，实现秒脉冲发生器功能，画出电路图。

(2) 设计电子秒表各单元电路的测试表格。

(3) 列出调试电子秒表的步骤。

7. 实验报告要求

(1) 说明电子秒表的逻辑结构，分析其工作原理。

(2) 列出电子秒表的整个调试过程。

(3) 分析调试中发现的问题及故障排除方法。

(4) 总结实验体会。

第 5 章　PSoC 开放实验

可编程片上系统(Programmable System on Chip，PSoC)是一项全新的嵌入式设计技术，在单微控制器芯片上完整实现模拟系统和数字系统。PSoC 技术丰富了电子系统实践教学的手段，为提高相关专业学生的专业素质和探索精神提供了一个有效途径，可培养学生自学、自研、自控的学习能力，为培养研究型和学习型人才创造条件。

5.1　PSoC 实验平台简介

1. 实验平台综述

实用的电子系统多为数字与模拟信号的混合系统，而大多数可编程器件只是单一的数字或者模拟器件，在搭建系统时需外接其他器件，从而使系统设计变得复杂了。

Cypress 半导体公司推出的可编程片上系统(PSoC)集微控制器、可编程数字阵列和可编程模拟阵列为一体，能实现"在系统可编程"，既可满足一般电子系统的资源要求，又顺应了现代电子设计方法的发展方向，利用其设计电子系统不仅快捷方便，而且能充分发挥设计者的创造力。

TPG-PSoC3 可编程片上系统创新实验平台是由清华大学自动化系和清华大学科教仪器厂联合研制的新一代开放式 PSoC 实验平台。该系统提供了 PSoC 器件和丰富的实验资源，并设计了众多的实验项目，既可以用于电子技术系列课程的教学实验，也可以用于学生的实践活动创新。

TPG-PSoC3 具有以下技术性能及特点：

(1) TPG-PSoC3 可编程片上系统创新实验平台以 Cypress 公司的 PSoC3 器件 CY8C3866AXI-040 为核心，芯片内包含单周期 8051 CPU、数字外设和模拟外设。

① 单周期 8051 CPU 具有：

● 最高主频(67 MHz)；

● 64 KB 的 Flash，8 KB 的 SRAM，2 KB 的 EEPROM；

● 24 路 DMA 通道；

● 宽工作电压，0.5～5.5 V；

● 72 路 GPIO 口，所有 I/O 均可作为数字或模拟接口，均支持 CapSense 功能；

● 全面可配置的内部 CPU 时钟。

② 数字外设具有：

● 24 个可编程数字模块(可用于实现定时器、计数器、PWM 等模块)；

● 全速 CAN 2.0、全速 USB 2.0、SPI、UART、I^{2}C 等接口。

③ 模拟外设具有：

- 1.024 V 内部参考电压；
- 8～20 位可配置 Delta Sigma ADC；
- 67 MHz 24 位数字滤波器；
- 4 个 8 位 8 MS/s IDACs、1 MS/s VDACs；
- 4 个电压比较器；
- 4 个运算放大器；
- 4 个可编程模拟模块(可用于实现 PGA、TIA、混频器、采样-保持器等模块)；
- CapSense 功能(可用于实现电容按键、电容滑条)。

(2) 丰富的数字资源。

① 输入部分：包括轻触按键、推拉开关、4×4 矩阵键盘等。

② 输出部分：包括发光二极管、4 位八段数码管、1602 字符液晶屏、蜂鸣器、直流电机、步进电机等。

(3) 充足的模拟资源，包括可调电位器、电压型温度传感器、红外热释传感器、热敏电阻、光敏传感器、磁敏传感器、接近传感器等。

(4) 三原色 LED 灯，既可作为数字输出设备，也可作为模拟输出设备。

(5) 设有 CapSense 实验区，包含 4 个电容按键、1 组电容滑条。

(6) RS-232 串口、USB 2.0 从口，使用户可以很方便地与计算机进行通信。

(7) 音频部分，包含麦克风插孔和音频输出插孔，方便用户进行语音存储回放的实验。

(8) 无线接口，可用来连接 Cypress 无线模块扩展板。

(9) PSoC 芯片和外设模块的所有引脚，都通过单排圆孔插座引出，用户可根据实际需要使用插针线或拨码开关实现电路的连接，并可通过面包板和扩展板插孔、双排扩展信号插槽实现电路的拓展，使学习更具灵活性和创新性。

(10) 核心板上采用 10 针 JTAG/SWD 下载接口，可使用 PSoC 下载器(另购)对 PSoC3/5 主芯片进行仿真或下载。

该实验平台的外观如图 5-1-1 所示。

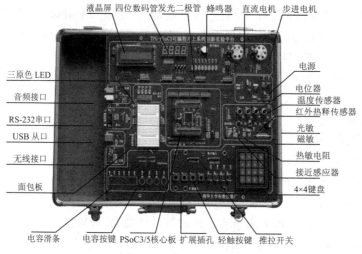

图 5-1-1　实验平台全貌

2. PSoC 实验平台使用说明

PSoC 实验平台布局示意图如图 5-1-2 所示。

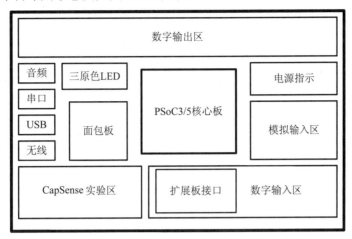

图 5-1-2 实验平台布局示意图

使用实验平台时需注意以下几点:

(1) 实验平台采用核心板加底板双重结构,核心板上 PSoC3 芯片的所有引脚信号都通过双排插针引出,核心板与底板之间采用插接方式,为保证信号连接的可靠性,请勿反复插拔核心板。

(2) 底板上核心板插座周围,采用单排圆孔插座将 PSoC3 芯片的所有引脚信号以成组的方式引出,其中部分信号通过拨码开关连接到底板上的外设模块,用户可根据实际需要使用插针线或拨码开关实现 PSoC3 芯片引脚与外设电路引脚的连接。

(3) 实验平台系统可通过推拉开关 S_5 选择 3.3 V 或 5 V 电源供电,建议系统电压默认选择 3.3 V 供电,连接使用下载器时请注意务必保证选择 3.3 V 供电。

(4) 使用 PSoC3 芯片的 I2C 功能时,请注意 J35 上的相应引脚需用短路线卡子连接右侧的上拉电阻。

数字输入区包括 4 个推拉开关($S_1 \sim S_4$)、4 个轻触按键($K_1 \sim K_4$)和 1 个 4×4 数字键盘。其硬件电路如图 5-1-3 所示。

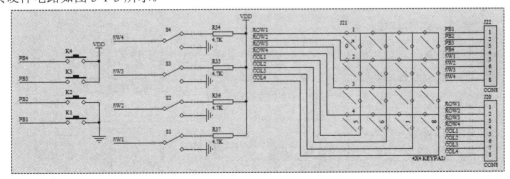

图 5-1-3 数字输入区硬件电路

模拟输入区包括 4 个电位器($VR_1 \sim VR_4$)、1 个温度传感器 LM35 和 1 个红外热释传感器 LHI958、1 个光敏传感器、1 个磁敏(霍尔)传感器、1 个热敏电阻和 1 个接近感应传感器。

其硬件电路如图 5-1-4 所示。

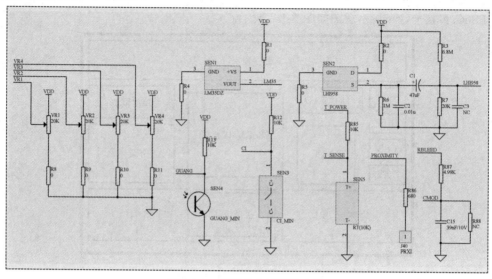

图 5-1-4　模拟输入区硬件电路

数字输出区包括 1 个 LCD 显示屏、1 个 4 位的七段数码管、8 个发光二极管(LED1～LED8)、1 个蜂鸣器(BZ)、1 个直流电机(MD)和与之相配的 1 个测速光耦(PT1)、1 个步进电机(MS)和与之相配的 1 个测速光耦(PT2)，另外 4 个三原色 LED 灯既可作为数字输出设备，也可作为模拟输出设备。其硬件电路如图 5-1-5 所示。

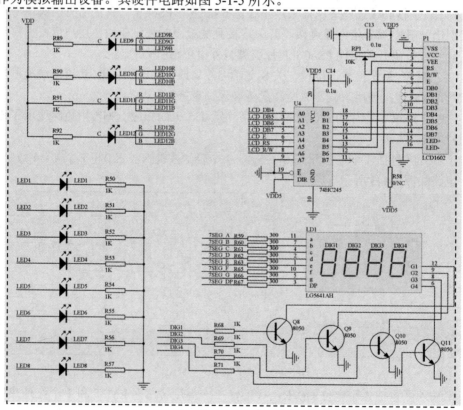

图 5-1-5　数字输出区硬件电路

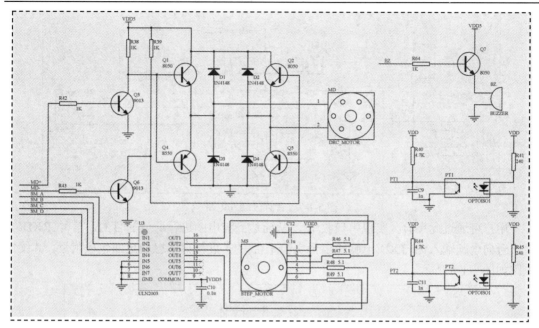

图 5-1-5　数字输出区硬件电路(续)

　　CapSense 实验区主要用于进行电容触摸式感应的实验，此实验区包括 4 个电容按键 (CSB1～CSB4)和 6 个一组的电容滑条(CSS1～CSS6)。其硬件电路如图 5-1-6 所示。

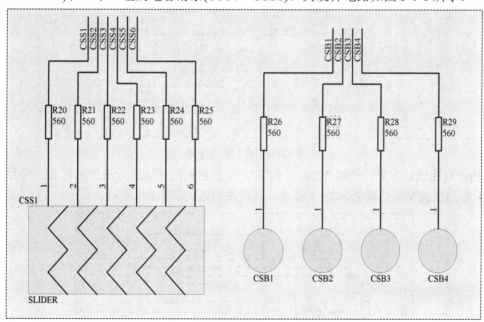

图 5-1-6　CapSense 实验区硬件电路

　　音频区主要用来进行语音回放的实验。其中，PHONE 接口用于连接耳机或有源音箱，MIC 接口则用来连接麦克风。输入/输出信号皆引至面包板周围的扩展接口处，方便用户进行电路连接。其硬件电路如图 5-1-7 所示。

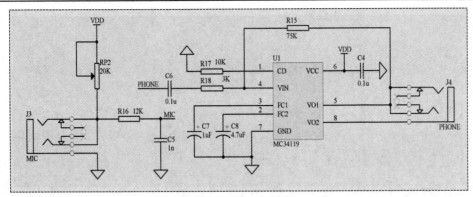

图 5-1-7　音频区硬件电路

　　用户可通过此实验区实现串口收/发，从而达到与电脑进行通信的目的。信号 RXD(实验平台向电脑输入)和 TXD(电脑输出至实验平台)的扩展接口都已引至面包板附近。其硬件电路如图 5-1-8 所示。

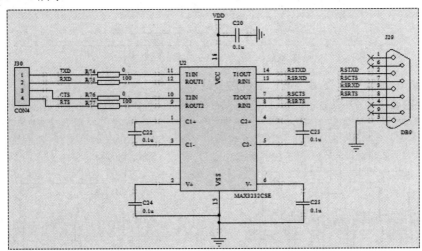

图 5-1-8　串口硬件电路

　　用户可通过此实验区实现 USB 口收/发，从而达到与电脑进行通信的目的。信号 DM 和 DP 都已连接至核心板 PSoC3 主芯片。其硬件电路如图 5-1-9 所示。

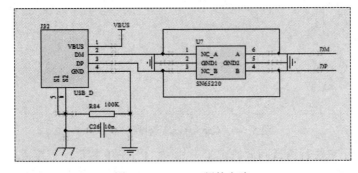

图 5-1-9　USB 口硬件电路

　　无线接口区采用 2.0 间距双排座，3.3 V 供电，用于连接 Cypress 无线扩展模块。其硬件电路如图 5-1-10 所示。

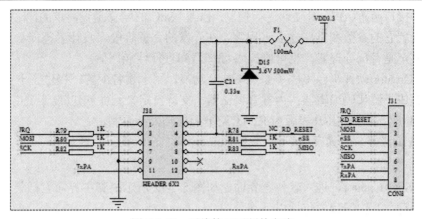

图 5-1-10　无线接口区硬件电路

用户可以利用实验平台左侧的面包板自行搭建所需的电路。但需注意的是，在自行搭建的电路与扩展接口进行连接前，必须首先检验电路的安全性，即是否存在短路。

用户可自行设计各种扩展板，通过 40 芯排线及扩展插槽实现与实验平台的连接。双排扩展接口引脚定义如图 5-1-11 所示。

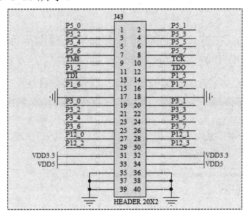

图 5-1-11　扩展接口引脚

3. PSoC 实验软件

TPG-PSoC3 可编程片上系统创新实验平台分别设计了基本实验、提高实验，实验安排遵循循序渐进的方式，以方便用户逐步掌握 PSoC3 的开发方法，达到灵活运用 PSoC3 芯片开发实际系统的目的。

1) 软件介绍

PSoC Creator 是一个功能齐全的图形化软硬件设计及编程环境，带有创新性的图形设计界面，通过它可以对 PSoC3、PSoC5 芯片进行硬件设计、软件设计及调试、工程的编译和下载。

图形化的设计入口简化了配置元件的任务。设计者可以从元件库内选择所需要的功能，并将其放置在设计中。所有的参数化元件都有一个编辑器对话框，允许设计者根据需要对元件的功能进行裁减。

PSoC Creator 软件平台自动配置时钟和布线 I/O 到所选择的引脚，并且为给定的应用产

生应用程序接口函数 API，对硬件进行控制。修改 PSoC 的配置是很简单的，比如添加一个新元件，设置它的参数和重新建立工程等。在开发的任意阶段，设计者都能自由地修改硬件配置，甚至是目标处理器，也可修改 C 编译器和进行性能评估。

PSoC Creator 软件平台集成了原理图捕获功能，用于设备配置；提供了丰富的元件 IP 核资源；集成了源代码编辑器；内置有调试器；支持自定义元件创建(设计重用)功能。

PSoC 3 编译器——其升级版为 Keil CA51(无代码大小限制)；

PSoC 5 编译器——其升级版为 CodeSourcery TM 的 Sourcery TM Lite 版本。

2) 软件界面

运行 PSoC Creator，进入软件主界面，如图 5-1-12 所示。其主界面包括菜单栏、工具栏和窗口栏等。其中窗口栏包括以下部分：

(1) Workspace Explorer 工程窗口：在这里可以看到所有的工程文件，通过点击工程文件可进行编辑和设置。当打开一个工程的时候，这个窗口的 Source 标签中就会显示全部的工程文件。

(2) 主窗口(中央部分)：进行原理图的编辑以及主程序代码的编写等核心功能。

(3) Output 输出窗口：可以看到操作过程中的一些相关信息，包括程序编译过程和报错警告等。

(4) 元件库窗口(右侧)：在建立工程时将打开编辑原理图界面。该界面左侧窗口中列举了各种可直接调用元件的分类列表，包括数字元件(逻辑门、寄存器、数字定时器、PWM等)，模拟元件(运放、ADC、DAC、滤波器等)，通信协议(I2C、USB、CAN 等)。

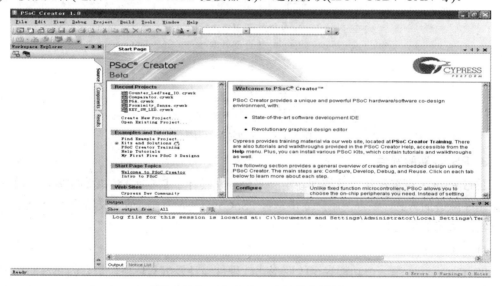

图 5-1-12　PSoC Creator 软件主界面

3) 软件的基本操作流程

PSoC Creator 的基本操作流程如下：

(1) 创建工程。在软件的主界面下，点击"File→New→Project..."菜单项，创建一个新的工程，出现 New Project 界面，如图 5-1-13 所示。如果目标器件是 PSoC3，则选择"Empty PSoC 3 Design"模板；如果目标器件是 PSoC 5，则选择"Empty PSoC 5 Design"模板。在

"Name"栏为设计命名，在"Location"栏选择设计的存储路径，建议选在 D 盘或 E 盘。然后单击"Advanced"前的加号按钮，展开 Advanced，"Device"中显示上次选用过的芯片或一个默认芯片型号，若新项目需要其他芯片型号，可单击右侧的下箭头，选择"<Launch Device Selector…>"。进入芯片选择对话框，选择"CY8C3866AXI-040"，然后点击"OK"按钮。在默认情况下，主窗口将打开 TopDesign.cysch，这是一个工程完整的原理设计图示例。

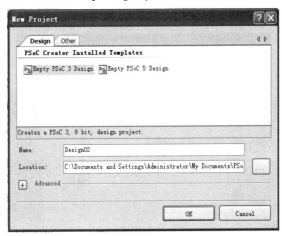

图 5-1-13　New Project 界面

(2) 编辑原理图。点击原理图编辑界面中左侧工程文件列表中的 TopDesign.cysch 原理图文件，就可以在主窗口进行原理图的编辑，如图 5-1-14 所示。此时界面右侧会出现元件库窗口，显示可供直接使用的元件。从元件列表中直接拖动元件到主窗口，然后通过原理图左侧的小工具栏可进行元件的连接。左键双击元件或者右键点击元件并选择 Configure，即可对元件参数进行设置。

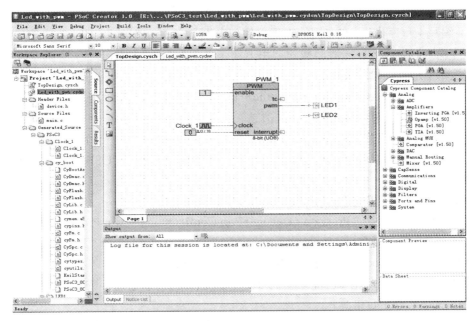

图 5-1-14　原理图编辑界面

(3) 分配引脚和时钟。原理图编辑完成之后，在左侧的工程文件列表中选择(工程名).cydwr 文件，主窗口即显示芯片引脚分配图，如图 5-1-15 所示。点击引脚分配图下方的 Pins 标签，可进行引脚分配，引脚的个数取决于所选元器件的数量和类型。点击引脚分配图下方的 Clocks 标签，可进行时钟的分配，但这不是必需的，多数元件在选择好之后会自动分配时钟，除非有特别的要求。

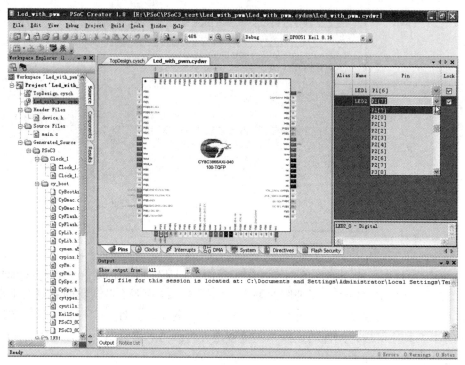

图 5-1-15　芯片引脚分配图

(4) 编写主程序代码。在左侧的工程文件列表中点击 main.c 文件，即可在主窗口打开 C 语言程序输入区。注意，一般函数的调用方法是 "元件名_函数名(参数)"。其中元件名在原理图编辑中进行编辑，函数的功能和使用方法可以参考相关元件的 DataSheet。

(5) 编译程序。点击主菜单中的 "Build→Build 工程名" 或者单击工具栏中的 图标进行全编译，在输出窗口可以看到相关信息。

(6) 下载程序。在图 5-1-16 中，设置下载器。

① 通过 USB 下载器进行程序的下载，先用下载器连接 PC 的 USB 口与实验平台核心板左侧的 J5 下载口。

② 点击菜单项 "Tools→Options…"，弹出 Options 对话框。

③ 在对话框中选择 "Program / Debug→Port Configuration→MiniProg3" 进行设置，如图 5-1-16 所示。选择 "Active Protocal" 为 "SWD"，"Clock Speed" 为 "3.2 MHz"，"Power" 为 3.3 V，"Acquire Mode" 为 Reset，"Connector" 为 "10 pin"。

④ 将实验平台系统电源 V_{DD} 选择为 3.3 V 供电(即将右侧电源区域内的推拉开关 S_5 拨到下端)，接通实验平台电源。

⑤ 选择 "Debug→Select Debug Target…" 菜单项，展开并选择 PSoC3 器件，点击

"Connect"按钮，再点击"Close"按钮。

⑥ 点击"Debug→Program"菜单项或点击 工具图标，开始下载。直到底部 Output 输出窗口出现 "Device 'PSoC3 CY8C3866AX*-040' was successfully programmed at 编译时间"，则下载完成。

⑦ 下载完毕后，断开实验平台电源，取下 PSoC 下载器。

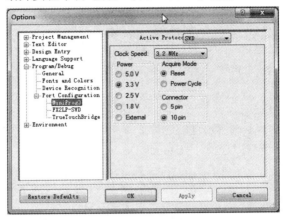

图 5-1-16　下载器的设置

5.2　可编程增益放大器 PGA

1. 实验内容

利用 PSoC 3 器件的 PGA 用户模块设计一个简单的放大电路，电压放大倍数为 2。模拟电压从 PSoC 3 芯片引脚 P0[1]输入，从 P0[3]输出。

2. 实验步骤

(1) 新建工程。

① 启动 PSoC Creator 软件，点击"File→New→Project…"菜单项，弹出新建工程对话框，如图 5-2-1 所示，在 Design 栏中选择默认的"Empty PSoC 3 Design"。

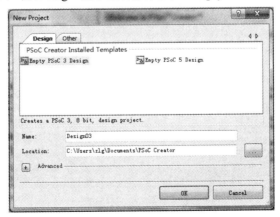

图 5-2-1　新建工程对话框

② 在"Name"栏中输入新工程名称，在"Location"栏中输入其存放路径，或通过右侧的 ⬚ 按钮指定路径。之后单击"Advanced"前的加号按钮 ⊞，展开 Advanced，如图 5-2-2 所示。

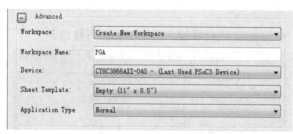

图 5-2-2　展开 Advanced

③ "Device"中显示上次选用过的芯片或一个默认芯片型号，若新项目需要其他芯片型号，则单击右侧的下箭头，选择"<Launch Device Selector...>"，如图 5-2-3 所示。

图 5-2-3　选择 Device

④ 进入芯片选择对话框，选择 CY8C3866AXI-040，然后点击"OK"按钮，如图 5-2-4 所示。

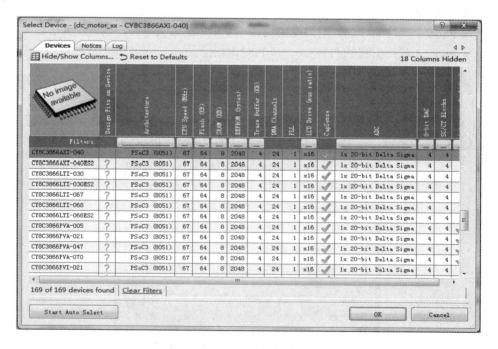

图 5-2-4　选择芯片

⑤ 回到创建新工程对话框，点击"OK"按钮，完成新工程的创建，如图 5-2-5 所示。

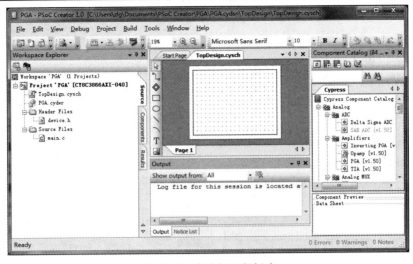

图 5-2-5　完成新工程创建

(2) 选择用户模块。

① 在右侧的元件列表(Component Catalog) 中用鼠标选择 " Analog → Amplifiers → PGA [v1.50]"，并拖动到中间的原理图编辑窗口中。

② 选择两次 "Ports and Pins→Analog Pin [v1.60]"，并拖动到中间的原理图编辑窗口中，图 5-2-6 即选择的用户模块。

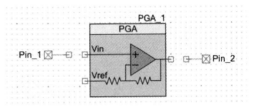

图 5-2-6　选择的用户模块

(3) 设置用户模块参数。

① 双击设置 PGA_1 模块参数，如图 5-2-7 所示。其中，各参数的设置分别如下：

● Name：PGA_1；

● Gain：2；

● Power：Medium Power；

● Vref_Input：Internal Vss。

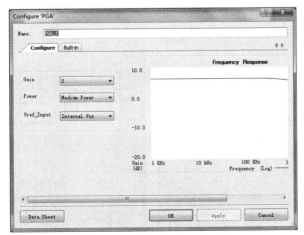

图 5-2-7　PGA_1 模块参数的设置

② 双击设置 Pin_1 模块参数，如图 5-2-8、图 5-2-9 所示。其中，各参数的设置分别如下：

- Name：Pin_1。

Type 选项卡：

- Analog：选中。

General 选项卡：

- Drive Mode：High Impedance Analog；
- Initial State：Low(0)。

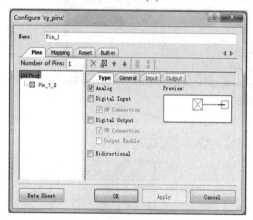

图 5-2-8　Pin_1 模块参数的设置(1)

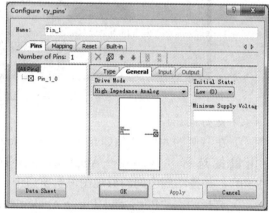

图 5-2-9　Pin_1 模块参数的设置(2)

③ 双击设置 Pin_2 模块参数，如图 5-2-10、图 5-2-11 所示。其中，各参数的设置分别如下：

- Name：Pin_2。

Type 选项卡：

- Analog：选中。

General 选项卡：

- Drive Mode：High Impedance Analog；
- Initial State：Low(0)。

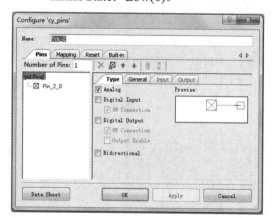

图 5-2-10　Pin_2 模块参数的设置(1)

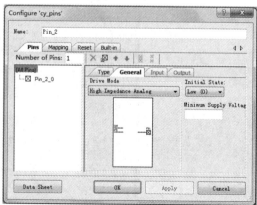

图 5-2-11　Pin_2 模块参数的设置(2)

(4) 连接原理图,如图 5-2-12 所示。用原理图窗口左侧工具栏中的连线工具 ，将 PGA_1 模块的 Vin 引脚与 Pin_1 模块进行连接,将 PGA_1 模块的输出引脚与 Pin_2 模块进行连接。

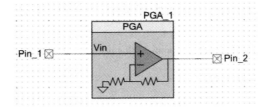

图 5-2-12 连线后的原理图

(5) 分配引脚, 如图 5-2-13 所示。双击左侧工程文件列表中的 PGA.cydwr, 为 Pin_1 选择引脚 P0[1], 为 Pin_2 选择引脚 P0[3]。

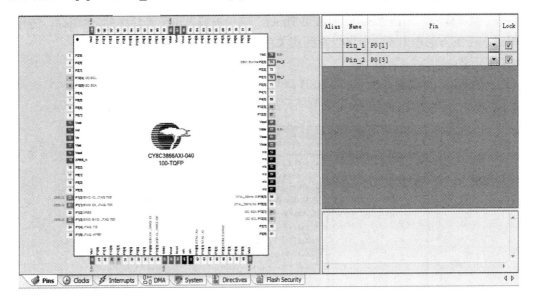

图 5-2-13 引脚分配

(6) 编写主程序。双击左侧工程文件列表中的 main.c, 编写主程序代码:

```
/* ======================================
 *
 * Copyright YOUR COMPANY, THE YEAR
 * All Rights Reserved
 * UNPUBLISHED, LICENSED SOFTWARE.
 *
 * CONFIDENTIAL AND PROPRIETARY INFORMATION
 * WHICH IS THE PROPERTY OF your company.
 *
 * ======================================
*/
#include <device.h>
```

```
void main()
{
    /* Place your initialization/startup code here (e.g. MyInst_Start()) */
    PGA_1_Start();
    /* CYGlobalIntEnable; */ /* Uncomment this line to enable global interrupts. */
    for(;;)
    {
        /* Place your application code here. */
    }
}
/* [] END OF FILE */
```

(7) 编译程序。单击"Build→Build Timer"菜单项或单击工具栏中的 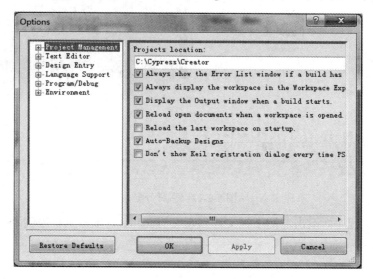 图标，进行工程编译，在下方的输出窗口中可以看到相关信息。

(8) 下载。

① 用 PSoC 下载器连接 PC 的 USB 口与实验平台核心板左侧的 J5 下载口。

② 点击"Tools→Options..."菜单项，弹出 Options 对话框，如图 5-2-14 所示。

图 5-2-14　Options 对话框

③ 选择"Program / Debug→Port Configuration→MiniProg3"进行设置，如图 5-2-15 所示。

- Active Protocal：SWD；
- Clock Speed：3.2 MHz；
- Power：3.3 V；
- Acquire Mode：Reset；
- Connector：10 pin。

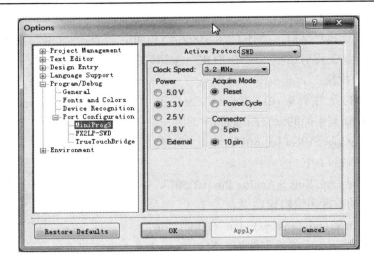

图 5-2-15　设置 MiniProg3

④ 接通实验平台电源。

⑤ 选择"Debug→Select Debug Target…"菜单项，展开并选择 PSoC3 器件，点击"Connect"按钮，再点击"Close"按钮。

⑥ 点击"Debug→Program"菜单项或点击 🐷 工具图标，开始下载。

⑦ 下载完毕后，断开实验平台电源。

(9) 验证。

① 用插针线将 PSoC3 芯片的 P0[1]连接到 VR1。

② 接通实验平台电源，调节电位器 VR1，用万用表测量 PSoC3 芯片的 P0[1]、P0[3]两引脚的电压值，对比二者之间的关系。

③ 实验完毕，断开电源，取下插针线和下载器。

5.3　电压比较器 Comparator 实验

1. 实验内容

利用 PSoC3 器件的 Comparator 用户模块设计一个简单模拟电压比较电路。模拟信号从芯片引脚 P0[1]输入，比较信号从 P0[3]输出，阈值电压为 1.65 V(Vdda/2)。当输入模拟电压低于 1.65 V 时，P0[3]输出低电平；超过 1.65 V 时，P0[3]输出高电平，点亮一个外部 LED。

2. 实验步骤

(1) 新建工程。

① 启动 PSoC Creator 软件，点击"File→New→Project…"菜单项，弹出新建工程对话框，Design 栏中选择默认的"Empty PSoC 3 Design"。

② 在"Name"框中输入新工程名称 Comparator，在"Location"框中输入其存放路径，或通过右侧的 ▭ 按钮指定路径。然后单击"Advanced"前的加号 ⊞，展开 Advanced。

③ "Device"中显示上次选用过的芯片或一个默认的芯片型号，若新项目需要其他芯

片型号，则单击右侧的下箭头，选择"<Launch Device Selector…>"。

④ 进入芯片选择对话框，选择 CY8C3866AXI-040，再点击"OK"按钮。

⑤ 返回创建新工程对话框，点击"OK"按钮，完成新工程的创建。

(2) 选择用户模块。

① 在右侧的元件列表(Component Catalog)中用鼠标选择"Analog→Comparator [v1.60]"，将其拖动到中间的原理图编辑窗口中。

② 选择"Analog→VRef [v1.50]"，将其拖动到中间的原理图编辑窗口中。

③ 选择"Ports and Pins→Analog Pin [v1.50]"，将其拖动到中间的原理图编辑窗口中。

④ 选择"Ports and Pins→Digital Output Pin [v1.50]"，将其拖动到中间的原理图编辑窗口中。

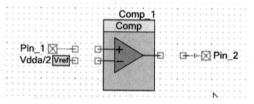

图 5-3-1　选择的用户模块

选择好的用户模块如图 5-3-1 所示。

(3) 设置用户模块参数。

① 双击设置 Comp_1 模块参数，如图 5-3-2 所示。其中，各参数的设置分别如下：

- Name：Comp_1；
- Hysteresis：Disable；
- Speed：Fast；
- PowerDownOverride：Disable；
- Polarity：Non-Inverting；
- Sync：Bypass。

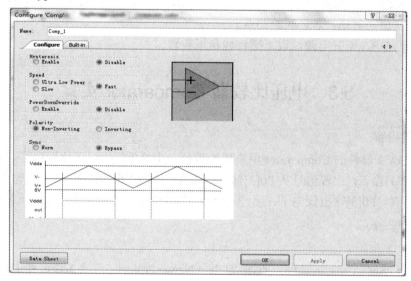

图 5-3-2　Comp_1 模块参数的设置

② 双击设置 Vref 模块参数，如图 5-3-3 所示。其中，各参数的设置分别如下：

- Name：vRef_1；
- VRef Name：Vdda/2。

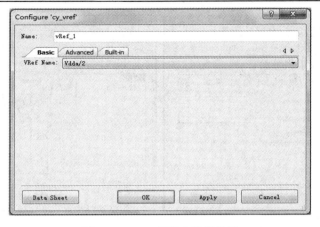

图 5-3-3   Vref 模块参数的设置

③ 双击设置 Pin_1 模块参数，如图 5-3-4、图 5-3-5 所示。其中，各参数的设置分别如下：

● Name：Pin_1。

Type 选项卡：

● Analog：选中。

General 选项卡：

● Drive Mode：High Impedance Analog；

● Initial State：Low(0)。

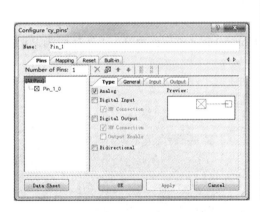

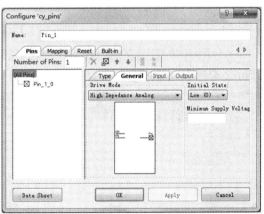

图 5-3-4   Pin_1 模块参数的设置(1)   图 5-3-5   Pin_1 模块参数的设置(2)

④ 双击设置 Pin_2 模块参数，如图 5-3-6、图 5-3-7 所示。其中，各参数的设置分别如下：

● Name：Pin_2。

Type 选项卡：

● Digital Output：HW Connection。

General 选项卡：

● Drive Mode：Strong Drive；

● Initial State：Low(0)。

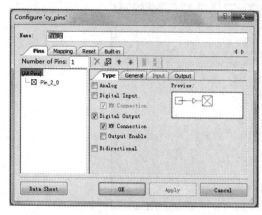 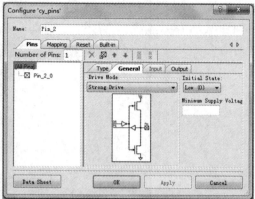

图 5-3-6　Pin_2 模块参数的设置(1)　　　　　图 5-3-7　Pin_2 模块参数的设置(2)

(4) 连接原理图,如图 5-3-8 所示。用原理图窗口左侧工具栏中的连线工具 将 Comp_1 模块的正输入端与 Pin_1 模块相连接，将 Comp_1 模块的负输入端与 Vref 模块相连接，将 Comp_1 模块的输出端与 Pin_2 模块相连接。

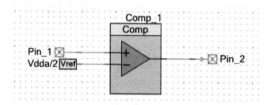

图 5-3-8　连线后的原理图

(5) 分配引脚。双击左侧工程文件列表中的 Comparator.cydwr，为 Pin_1 选择引脚 P0[1]，为 Pin_2 选择引脚 P0[3]，如图 5-3-9 所示。

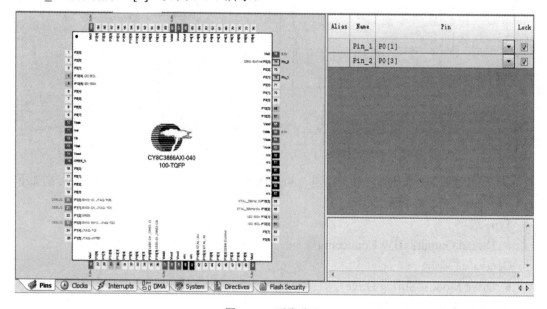

图 5-3-9　引脚分配

(6) 编写主程序。双击左侧工程文件列表中的 main.c，编写主程序代码：

```
/* ===================================
 *
     * Copyright YOUR COMPANY, THE YEAR
     * All Rights Reserved
     * UNPUBLISHED, LICENSED SOFTWARE.
 *
     * CONFIDENTIAL AND PROPRIETARY INFORMATION
     * WHICH IS THE PROPERTY OF your company.
 *
 * ===================================
*/
#include <device.h>
void main()
{
     /* Place your initialization/startup code here (e.g. MyInst_Start()) */
     Comp_1_Start();
    /* CYGlobalIntEnable; */ /* Uncomment this line to enable global interrupts. */
     for(;;)
     {
          /* Place your application code here. */
     }
}
/* [] END OF FILE */
```

(7) 编译程序。单击 "Build→Build Comparator" 菜单项或单击工具栏中的 图标，进行工程编译，在下方的输出窗口中可以看到相关信息。

(8) 下载。

① 用 USB 下载器连接 PC 的 USB 口与实验平台核心板左侧的 J5 下载口。

② 接通实验平台电源。

③ 选择 "Debug→Select Debug Target..." 菜单项，展开并选择 PSoC3 器件，点击 "Connect" 按钮，再点击 "Close" 按钮。

④ 点击 "Debug→Program" 菜单项或点击 工具图标，开始下载。

⑤ 下载完毕，断开实验平台电源。

(9) 验证。

① 用插针线将 PSoC3 芯片的 P0[1]连接到 VR1，P0[3]连接到 LED1。

② 接通实验平台电源，调节电位器 VR1，用万用表测量 PSoC3 芯片的 P0[1]引脚的电压值，观察 LED1 的亮灭。

③ 实验完毕，断开电源，取下插针线和 PSoC 下载器。

5.4　定时器 Timer 实验

1. 实验内容

利用 PSoC3 器件的 Timer 用户模块产生 1 s 的时间间隔,使 LED 每隔 1 s 翻转一次状态。

2. 实验步骤

(1) 新建工程。

① 启动 PSoC Creator 软件,点击"File→New→Project..."菜单项,弹出新建工程对话框,在 Design 栏中选择默认的"Empty PSoC 3 Design"。

② 在"Name"框中输入新工程名称"Timer",在"Location"框中输入其存放路径,或通过右侧的 ⋯ 按钮指定路径。然后单击"Advanced"前的加号 ⊞,展开 Advanced。

③ "Device"中显示上次选用过的芯片或一个默认的芯片型号,若新项目需要其他芯片型号,则单击右侧的下箭头,选择"<Launch Device Selector...>"。

④ 进入芯片选择对话框,选择 CY8C3866AXI-040,再点击"OK"按钮。

⑤ 返回创建新工程对话框,点击"OK"按钮,完成新工程的创建。

(2) 选择用户模块,如图 5-4-1 所示。

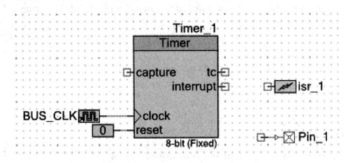

图 5-4-1　选择的用户模块

① 在右侧的元件列表(Component Catalog)中用鼠标选择"Digital→Functions→Timer [v2.0]",将其拖动到中间的原理图编辑窗口中。

② 选择"System→Interrupt [v1.50]",将其拖动到中间的原理图编辑窗口中。

③ 选择"Ports and Pins→Digital Output Pin [v1.50]",将其拖动到中间的原理图编辑窗口中。

(3) 设置用户模块参数。

① 双击设置 BUS_CLK 时钟模块参数,如图 5-4-2 所示。其中,各参数的设置分别如下:

● Name:Clock_1;
● Clock Type:New;
● Source:<Auto>;
● Specify:Frequency,100 Hz。

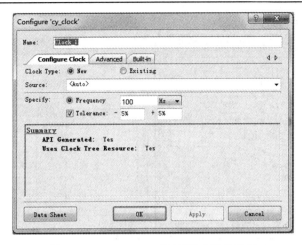

图 5-4-2　BUS-CLK 时钟模块参数的设置

② 双击设置 Timer_1 模块参数，如图 5-4-3 所示。其中，各参数的设置分别如下：
- Name：Timer_1；
- Resolution：8-Bit；
- Implementation：UDB；
- Period：100；
- Interrupts：On TC。

③ 双击设置 isr_1 模块参数，如图 5-4-4 所示。其中，各参数的设置分别如下：
- Name：TimerISR；
- InterruptType：RISING_EDGE。

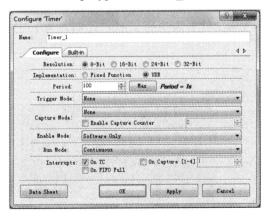

图 5-4-3　Timer_1 模块参数的设置

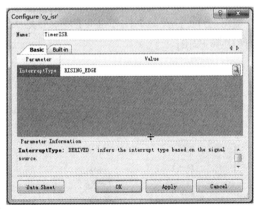

图 5-4-4　中断模块参数的设置

④ 双击设置 Pin_1 模块参数，如图 5-4-5、图 5-4-6 所示。其中，各参数的设置分别如下：
- Name：LED_1。

Type 选项卡：
- Digital Output：不选中任何一项。

General 选项卡：取默认。
- Drive Mode：Strong Drive；

● Initial State：Low(0)。

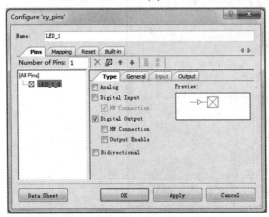 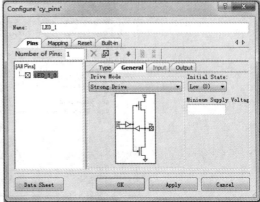

图 5-4-5　Pin_1 模块参数的设置(1)　　　　　图 5-4-6　Pin_1 模块参数的设置(2)

(4) 连接原理图，如图 5-4-7 所示。用原理图窗口左侧工具栏中的连线工具 ，将 Timer_1 模块的 tc 引脚与 TimerISR 模块相连接。

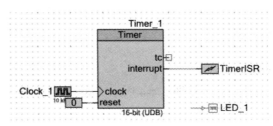

图 5-4-7　连线后的原理图

(5) 分配引脚，如图 5-4-8 所示。双击左侧工程文件列表中的 Timer.cydwr，为 LED_1 选择引脚 P2[0]。

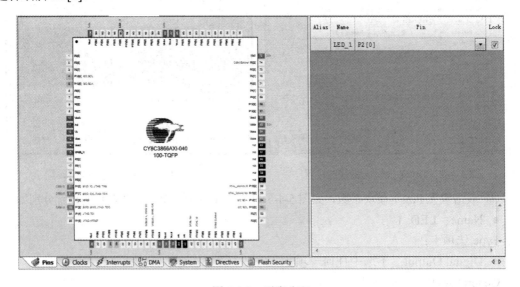

图 5-4-8　引脚分配

(6) 编写主程序。双击左侧工程文件列表中的 main.c，编写主程序代码：

```c
/* ========================================
 * Copyright YOUR COMPANY, THE YEAR
 * All Rights Reserved
 * UNPUBLISHED, LICENSED SOFTWARE.
 * CONFIDENTIAL AND PROPRIETARY INFORMATION
 * WHICH IS THE PROPERTY OF your company.
 * ========================================
*/
#include <device.h>
uint8 StatusRegister;
uint8 led1_value;
/**********************************************************************
* Define Interrupt service routine and allocate an vector to the Interrupt
**********************************************************************/
CY_ISR(InterruptHandler)
{
    StatusRegister = Timer_1_ReadStatusRegister();
led1_value = LED_1_Read();
    LED_1_Write(~led1_value);
}
void main()
{
 /* Place your initialization/startup code here (e.g. MyInst_Start()) */
    /* Start the components */
    Clock_1_Enable();
    Timer_1_Start();
    LED_1_Write(0);
    /* Enable the global interrupt */
    CYGlobalIntEnable;
    /*Enable the Interrupt component connected to Timer interrupt*/
    TimerISR_Start();
    TimerISR_Disable();
    /* Allocate interrupt handler and set vector to the interrupt*/
    TimerISR_SetVector(InterruptHandler);
    TimerISR_Enable();
     for(;;)
    {
        /* Place your application code here. */
```

```
        }
    }
    /* [] END OF FILE */
```

(7) 编译程序。单击"Build→Build Timer"菜单项或单击工具栏中的 图标，进行工程编译，在下方的输出窗口中可以看到相关信息。

(8) 下载。

① 用 USB 下载器连接 PC 的 USB 口与实验平台核心板左侧的 J5 下载口。

② 将实验平台系统电源 V_{DD} 选择为 3.3 V 供电(即将右侧电源区域内的推拉开关 S_5 拨到下端)，接通实验平台电源。

③ 选择"Debug→Select Debug Target..."菜单项，展开并选择 PSoC3 器件，点击"Connect 按钮"，再点击"Close"按钮。

④ 点击"Debug→Program"菜单项或点击 工具图标，开始下载。

⑤ 下载完毕，断开实验平台电源。

(9) 验证。

① 用插针线连接 PSoC3 芯片的 P2[0]到 LED1。

② 接通实验平台电源，观察 LED1 的闪烁情况。

③ 实验完毕，关闭电源，取下插针线和 USB 下载器。

5.5　计数器 Counter 实验

1. 实验内容

利用 Timer 定时器模块产生 1 s 的时间间隔，计数器对该时钟信号进行计数。计数器计数周期为 20，计数结果在 1602 字符液晶屏上显示。

2. 实验步骤

(1) 新建工程。

① 启动 PSoC Creator 软件，点击"File→New→Project..."菜单项，弹出新建工程对话框，Design 栏中选择默认的"Empty PSoC 3 Design"。

② 在"Name"框中输入新工程名称"Counter"，在"Location"框中输入其存放路径，或通过右侧的 按钮指定路径。然后单击"Advanced"前的加号 ，展开 Advanced。

③ "Device"中显示上次选用过的芯片或一个默认的芯片型号，若新项目需要其他芯片型号，则单击右侧的下箭头，选择"<Launch Device Selector...>"。

④ 进入芯片选择对话框，选择 CY8C3866AXI-040，然后点击"OK"按钮。

⑤ 回到创建新工程对话框，点击"OK"按钮，完成新工程的创建。

(2) 选择用户模块

① 在右侧的元件列表(Component Catalog)中用鼠标选择"Digital→Functions→Timer [v2.0]"，将其拖动到中间的原理图编辑窗口中。

② 选择"Digital→Functions→Counter [v2.0]"，将其拖动到中间的原理图编辑窗口中。

③ 选择"Digital→Logic→Logic Low '0'"，将其拖动到中间的原理图编辑窗口中。

④ 选择 "Display→Character LCD [v1.50]"，将其拖动到中间的原理图编辑窗口中。选择好的用户模块如图 5-5-1 所示。

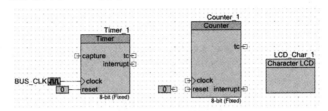

图 5-5-1　选择的用户模块

(3) 设置用户模块参数。

① 双击设置 BUS_CLK 时钟模块参数，如图 5-5-2 所示。其中，各参数的设置分别如下：

- Name：Clock_1；
- Clock Type：New；
- Source：<Auto>；
- Specify：Frequency，100 Hz。

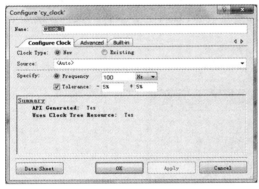 

图 5-5-2　BUS_CLK 时钟模块参数的设置　　　　图 5-5-3　Timer_1 模块参数的设置

② 双击设置 Timer_1 模块参数，如图 5-5-3 所示。其中，各参数的设置分别如下：

- Name：Timer_1；
- Resolution：8-Bit；
- Implementation：UDB；
- Period：100；
- Interrupts：On TC。

③ 双击设置 Counter_1 模块参数，如图 5-5-4、图 5-5-5 所示。其中，各参数的设置分别如下：

- Name：Counter_1。

Configure 选项卡：

- Resolution：8-Bit；
- Implementation：UDB；
- Period：20；
- Compare Mode：Less Than Or Equal；

- Compare Value：0；
- Clock Mode：Down Counter。

Advanced 选项卡：

- Reload Counter：On TC。

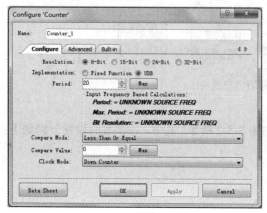

图 5-5-4　Counter_1 模块参数的设置(1)　　　　　图 5-5-5　Counter_1 模块参数的设置(2)

④ 双击设置 LCD_Char_1 模块参数，如图 5-5-6 所示。其中，各参数的设置分别如下：

- Name：LCD_Char_1；
- LCD Custom Character Set：None；
- Include ASCII to Number：选中。

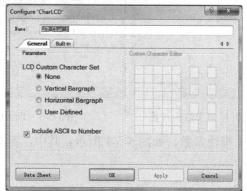

图 5-5-6　LCD_Char_1 模块参数的设置

(4) 连接原理图,如图5-5-7所示。用原理图窗口左侧工具栏中的连线工具 ，将 Timer_1 模块的 tc 引脚与 Counter_1 模块的 count 连接，将 Counter_1 模块的 reset 引脚连接至 Logic Low "0" 模块，将 Timer_1 和 Counter_1 模块的 clock 引脚均连接至 Clock_1。

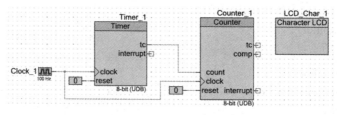

图 5-5-7　连线后的原理图

（5）分配引脚。双击左侧工程文件列表中的 Counter.cydwr，为 LCD Port[6:0]选择引脚 P6[6:0]，如图 5-5-8 所示。

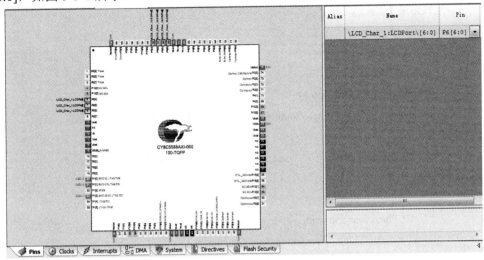

图 5-5-8 引脚分配

（6）编写主程序。双击左侧工程文件列表中的 main.c，编写主程序代码：

```
/* ========================================
 *
 * Copyright YOUR COMPANY, THE YEAR
 * All Rights Reserved
 * UNPUBLISHED, LICENSED SOFTWARE.
 *
 * CONFIDENTIAL AND PROPRIETARY INFORMATION
 * WHICH IS THE PROPERTY OF your company.
 *
 * ========================================
*/
#include <device.h>
#include "stdio.h"

//#define MS_DELAY        5u          /* For delay, about 5ms */

uint32 CounterValue = 0;

void main()
{
    /* Character array to hold the Counter*/
    char displayStr[15] = {'\0'};
```

```
/* Place your initialization/startup code here (e.g. MyInst_Start()) */
Clock_1_Start();
Timer_1_Start();
Counter_1_Start();
LCD_Char_1_Start();
LCD_Char_1_Position(0,1);
LCD_Char_1_PrintString("Counter Value:");

/* CYGlobalIntEnable; */ /* Uncomment this line to enable global interrupts. */
for(;;)
{
    /* Place your application code here. */
    CounterValue = Counter_1_ReadCounter();

    /* Convert Counter to string and display on the LCD */
    sprintf(displayStr,"%7ld",CounterValue);
    LCD_Char_1_Position(1,1);
    LCD_Char_1_PrintString(displayStr);
}
}

/* [] END OF FILE */
```

(7) 编译程序。单击"Build→Build Timer"菜单项或单击工具栏中的▦图标，进行工程编译，在下方的输出窗口中可以看到相关信息。

(8) 下载。

① 用 USB 下载器连接 PC 的 USB 口与实验平台核心板左侧的 J5 下载口。

② 将实验平台系统电源 V_{DD} 选择为 3.3 V 供电(即将右侧电源区域内的推拉开关 S_5 拨到下端)，接通实验平台电源。

③ 选择"Debug→Select Debug Target..."菜单项，展开并选择 PSoC3 器件，点击"Connect"按钮，再点击"Close"按钮。

④ 点击"Debug→Program"菜单项或点击▦工具图标，开始下载。

⑤ 下载完毕，断开实验平台电源。

(9) 验证。

① 用拨码开关 SW1 连接 PSoC3 芯片的 P6[0:6]到 1602 字符液晶模块的 LCD_DB[4:7]、LCD_E、LCD_RS、LCD_R/W。

② 接通实验平台电源，观察字符液晶模块的显示情况。

③ 实验完毕，关闭电源，取下插针线和 USB 下载器，将拨码开关恢复原状。

5.6　模数转换器 Delta Sigma ADC 实验

1. 实验内容

利用 PSoC3 器件的 Delta Sigma ADC 用户模块对电位器上的模拟电压进行采集，并将所得的数字量转换成电压值在字符液晶屏上显示。

2. 实验步骤

(1) 新建工程。

① 启动 PSoC Creator 软件，点击"File→New→Project..."菜单项，弹出新建工程对话框，在"Design"栏中选择默认的"Empty PSoC 3 Design"。

② 在"Name"框中输入新工程名称 ADC，在"Location"框中输入其存放路径，或通过右侧的 ![button] 按钮指定路径。然后单击"Advanced"前的加号 ![+]，展开 Advanced。

③ "Device"中显示上次选用过的芯片或一个默认的芯片型号，若新项目需要其他芯片型号，则单击右侧的下箭头，选择"<Launch Device Selector...>"。

④ 进入芯片选择对话框，选择 CY8C3866AXI-040，再点击"OK"按钮。

⑤ 回到创建新工程对话框，点击"OK"按钮，完成新工程的创建。

(2) 选择用户模块。

① 在右侧的元件列表(Component Catalog)中用鼠标选择"Analog→ADC→Delta Sigma ADC [v2-80]"，将其拖动到中间的原理图编辑窗口中。

② 选择"Ports and Pins→Analog Pin [v1.50]"，将其拖动到中间的原理图编辑窗口中。

③ 选择"Display→Character LCD [v1.50]"，将其拖动到中间的原理图编辑窗口中。

选择好的用户模块如图 5-6-1 所示。

(3) 设置用户模块参数。

① 双击设置 Delta Sigma ADC 模块参数，如图 5-6-2 所示。其中，各参数的设置分别如下：

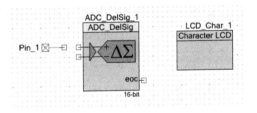

图 5-6-1　选择的用户模块

- Name：ADC_DelSig_1。

Sampling 选项框：

- Conversion Mode：2-Continuous；

- # Configs：1；

- Resolution：12 bits；

- Conversion Rate：10000 SPS；

- Clock Frequency：320.000 kHz。

Input Options 选项框：

- Input Mode：Single；

- Input Range：Vssa to Vdda；

- Buffer Gain：1；

- Buffer Mode：Rail to Rail。

Reference 选项框：

- Vref：Internal Vdda/4，1.2500 Volts (Vdd)。

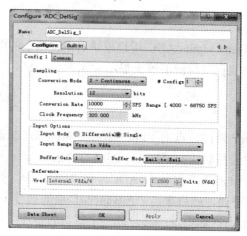

图 5-6-2 ADC 模块参数的设置

② 双击设置 Pin_1 模块参数，如图 5-6-3、图 5-6-4 所示。其中，各参数的设置分别如下：

- Name：VR1。

Type 选项卡：

- Analog：选中。

General 选项卡：取默认。

- Drive Mode：High Impedance Analog；
- Initial State：Low(0)。

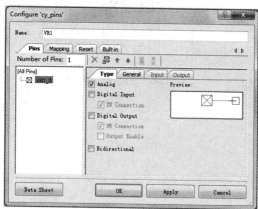

图 5-6-3 Pin_1 模块参数的设置(1)

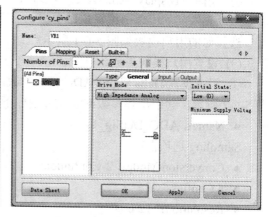

图 5-6-4 Pin_1 模块参数的设置(2)

③ 双击设置 LCD_Char_1 模块参数，如图 5-6-5 所示。其中，各参数的设置分别如下：

- Name：LCD_Char_1；
- LCD Custom Character Set：None；
- Include ASCII to Number：选中。

(4) 连接原理图，如图 5-6-6 所示。用原理图窗口左侧工具栏中的连线工具，将 VR1

与 ADC DelSig_1 模块的正输入引脚连接。

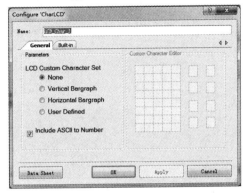

图 5-6-5　LCD_Char_1 模块参数的设置

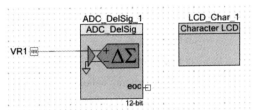

图 5-6-6　连线后的原理图

(5) 分配引脚。双击左侧工程文件列表中的 ADC.cydwr，为 VR1 选择引脚 P0[0]，为 LCD Port[6:0]选择引脚 P6[6:0]，如图 5-6-7 所示。

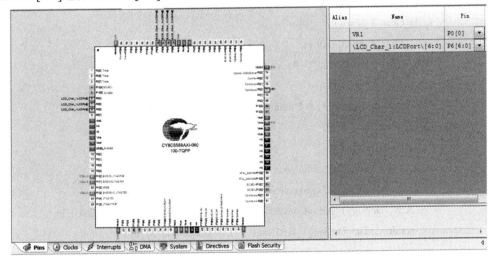

图 5-6-7　引脚分配

(6) 编写主程序。双击左侧工程文件列表中的 main.c，编写主程序代码：

```
/* =======================================
*
*       * Copyright YOUR COMPANY, THE YEAR
*       * All Rights Reserved
*       * UNPUBLISHED, LICENSED SOFTWARE.
*
*       * CONFIDENTIAL AND PROPRIETARY INFORMATION
*           * WHICH IS THE PROPERTY OF your company.
*
*       * =======================================
*/
```

```c
#include <device.h>
#include "stdio.h"
#include "math.h"

void main()
{
    uint32 result;
    uint32 value;
    /* Character array to hold the Counter*/
    char displayStr[15] = {'\0'};

    /* Place your initialization/startup code here (e.g. MyInst_Start()) */
    ADC_DelSig_1_Start();
    ADC_DelSig_1_StartConvert();
    LCD_Char_1_Start();
    LCD_Char_1_Position(0,1);
    LCD_Char_1_PrintString("VR1 Value:");

    /* CYGlobalIntEnable; */ /* Uncomment this line to enable global interrupts. */
    for(;;)
    {
        /* Place your application code here. */
        /* Wait for end of conversion */
        ADC_DelSig_1_IsEndConversion(ADC_DelSig_1_WAIT_FOR_RESULT);
        result = ADC_DelSig_1_GetResult32(); /* Get converted result */

        value = result*3300.0/4096.0;

        if((value<0)||(value>3400)) value = 0;

        /* Convert VR1 Value to string and display on the LCD */
        sprintf(displayStr,"%7ld mV",value);
        LCD_Char_1_Position(1,1);
        LCD_Char_1_PrintString(displayStr);
    }
}
/* [] END OF FILE */
```

(7) 编译程序。单击"Build→Build Timer"菜单项或单击工具栏中的 图标，进行工程编译，在下方的输出窗口中可以看到相关信息。

(8) 下载。

① 用 USB 下载器连接 PC 的 USB 口与实验平台核心板左侧的 J5 下载口。

② 将实验平台系统电源 V_{DD} 选择为 3.3 V 供电(即将右侧电源区域内的推拉开关 S_5 拨到下端),接通实验平台电源。

③ 选择"Debug→Select Debug Target..."菜单项,展开并选择 PSoC3 器件,点击"Connect"按钮,再点击"Close"按钮。

④ 点击"Debug→Program"菜单项或点击 🔳 工具图标,开始下载。

⑤ 下载完毕,断开实验平台电源。

(9) 验证。

① 用插针线连接 PSoC3 芯片的 P0[0]到 VR1,用拨码开关 SW1 连接 P6[6:0]到 1602 字符液晶屏。

② 接通实验平台电源,调节电位器 VR1,观察字符液晶屏上的显示情况。

③ 实验完毕,关闭电源,取下插针线和 USB 下载器,将拨码开关恢复原状。

5.7 数模转换器 Voltage DAC 实验

1. 实验内容

利用 PSoC3 器件的 VDAC8 用户模块,设计一个正弦波发生电路,正弦波信号从芯片引脚 P0[3] 输出。将正弦波一个周期内不同时刻的幅值用离散数值存放于表中,通过程序将这些幅值通过 VDAC8 依次转换成电压值输出,正弦波周期由程序每次输出幅值时的延时确定。

2. 实验步骤

(1) 新建工程。

① 启动 PSoC Creator 软件,点击"File→New→Project..."菜单项,弹出新建工程对话框,在"Design"栏中选择默认的"Empty PSoC 3 Design"。

② 在"Name"框中输入新工程名称"VDAC8",在"Location"框中输入其存放路径,或通过右侧的 🔳 按钮指定路径。然后单击"Advanced"前的加号 ⊞,展开 Advanced。

③ "Device"中显示上次选用过的芯片或一个默认的芯片型号,若新项目需要其他芯片型号,则单击右侧的下箭头,选择"<Launch Device Selector...>"。

④ 进入芯片选择对话框,选择"CY8C3866AXI-040",再点击"OK"按钮。

⑤ 回到创建新工程对话框,点击"OK"按钮,完成新工程的创建。

(2) 选择用户模块。

① 在右侧的元件列表(Component Catalog)中用鼠标选择"Analog→DAC→Voltage DAC (8-bit) [v1.60]",将其拖动到中间的原理图编辑窗口中。

② 选择"Analog→Amplifiers→PGA [v1.60]",将其拖动到中间的原理图编辑窗口中。

③ 选择"Ports and Pins→Analog Pin [v1.50]",将其拖动到中间的原理图编辑窗口中。选择好的用户模块如图 5-7-1 所示。

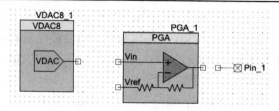

图 5-7-1　选择的用户模块

(3) 设置用户模块参数。

① 双击设置 VDAC8_1 模块参数，如图 5-7-2 所示。其中，各参数的设置分别如下：

- Name：VDAC8_1；
- OutPut Range：0 – 1.020V (4mV/bit)；
- Speed：Slow；
- Value：100 mVolts，19 bytes；
- DataSource：CPU or DMA (Data Bus)；
- StrobeMode：Register Write。

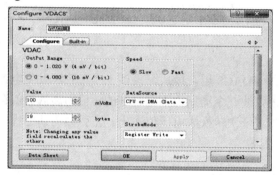

图 5-7-2　VDAC8_1 模块参数的设置

② 双击设置 PGA 模块参数，如图 5-7-3 所示。其中，各参数的设置分别如下：

- Name：PGA_1；
- Gain：2；
- Power：Medium Power；
- Vref_Input：Internal Vss。

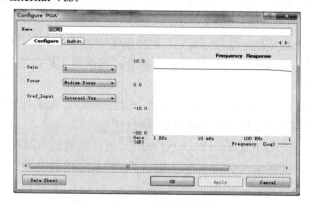

图 5-7-3　PGA 模块参数的设置

③ 双击设置 Pin_1 模块参数，如图 5-7-4、图 5-7-5 所示。其中，各参数的设置分别如下：

● Name：Sine。

Type 选项卡：

● Analog：选中。

General 选项卡：取默认。

● Drive Mode：High Impedance Analog；

● Initial State：Low(0)。

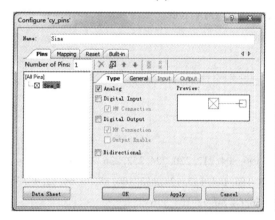

图 5-7-4　Pin_1 模块参数的设置(1)　　　　　图 5-7-5　Pin_1 模块参数的设置(2)

(4) 连接原理图，如图 5-7-6 所示。用原理图窗口左侧工具栏中的连线工具 将 VDAC8_1 的输出引脚与 Sine 连接。

(5) 分配引脚，如图 5-7-7 所示。双击左侧工程文件列表中的 VDAC8.cydwr，为 Sine 选择引脚 P0[3]。

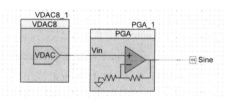

图 5-7-6　连线后的原理图

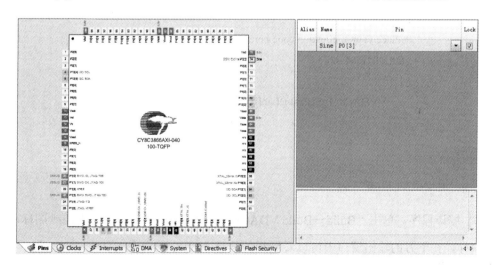

图 5-7-7　引脚分配

(6) 编写主程序。双击左侧工程文件列表中的 main.c，编写主程序代码：

```
/* ======================================
 *
 * Copyright YOUR COMPANY, THE YEAR
 * All Rights Reserved
 * UNPUBLISHED, LICENSED SOFTWARE.
 *
 *     * CONFIDENTIAL AND PROPRIETARY INFORMATION
 * WHICH IS THE PROPERTY OF your company.
 *
 *     * ======================================
 */
#include <device.h>

uint8 sin[]={124, 132, 144, 156, 164, 176, 184, 196, 204, 212, 220, 224, 232, 236, 236, 240, 240, 240,
236, 236, 232, 224, 220, 212, 204, 196, 188, 176, 168, 156, 144, 132, 124, 112, 100, 88, 76, 64, 52, 44, 36,
28, 20, 12, 8, 4, 0, 0, 0, 0, 4, 8, 12, 16, 24, 28, 40, 48, 56, 68, 80, 92, 104, 116};

void main()
{
        uint8 i;
            /* Place your initialization/startup code here (e.g. MyInst_Start()) */
        VDAC8_1_Start();
            /* CYGlobalIntEnable; */ /* Uncomment this line to enable global interrupts. */
        for(;;)
        {
        /* Place your application code here. */
         for(i=0; i<64; i++)
         {
             VDAC8_1_SetValue(sin[i]);
         }
        }
}
/* [] END OF FILE */
```

(7) 编译程序。单击"Build→Build VDAC8"菜单项或单击工具栏中的 图标，进行工程编译，在下方的输出窗口中可以看到相关信息。

(8) 下载。

① 用 USB 下载器连接 PC 的 USB 口与实验平台核心板左侧的 J5 下载口。

② 将实验平台系统电源 V_{DD} 选择为 3.3 V 供电(即将右侧电源区域内的推拉开关 S_5 拨到下端)，接通实验平台电源。

③ 选择 "Debug→Select Debug Target..." 菜单项，展开并选择 PSoC3 器件，点击 "Connect" 按钮，再点击 "Close" 按钮。

④ 点击 "Debug→Program" 菜单项或点击工具图标，开始下载。

⑤ 下载完毕，断开实验平台电源。

(9) 验证。

① 接通实验平台电源，用示波器观察 PSoC3 芯片的 P0[3]引脚的输出波形。

② 实验完毕，关闭电源，取下 USB 下载器。

第6章　Multisim 14 软件的设计与仿真

本章包括 Multisim 14 软件简介及 Multisim 14 软件的设计与仿真电路，旨在使学生学会基本电路的仿真方法；通过"虚实融合"混合式实验教学新模式，进一步将信息新技术与实验教育教学相融合，提升虚拟设计仿真能力，以及对虚拟现实交叉融合互动式教学新模式的体验，增强中国特色社会主义的文化自信、理论自信、道路自信、制度自信。

6.1　Multisim 14 软件简介

Multisim 14 软件是加拿大图像交互技术(Interactive Image Technologics，IIT)公司推出的以 Windows 为基础的仿真工具，适用于板级的模拟/数字电路的设计工作。它包含了电路原理图的图形输入、电路硬件描述语言输入方式，具有丰富的仿真分析能力。工程师们可以使用 Multisim 14 交互式地搭接电路原理图，并对电路进行仿真。Multisim 14 提炼了 SPICE 仿真的复杂内容，这样工程师无须懂得深入的 SPICE 技术，就可以很快地进行捕获、仿真和分析新的设计，这也使其更适合电子学教育。通过 Multisim 14 和虚拟仪器技术，PCB 设计工程师和电子学教育工作者可以完成从理论到原理图捕获与仿真，再到原型设计和测试这样一个完整的综合设计流程。

Multisim 14 被美国 NI 公司收购以后，其性能得到了极大的提升，最大的改变就是：

(1) 可根据自己的需求制造出真正属于自己的仪器；

(2) 所有的虚拟信号都可以通过计算机输出到实际的硬件电路上；

(3) 所有硬件电路产生的结果都可以回到计算机中进行处理和分析。

计算机辅助设计软件随着计算机、电子系统设计、集成电路的飞速发展应运而生，其辅助分析与仿真技术为电子电路功能的设计、仿真分析和验证开辟了一条快捷、高效的新途径。其中，仿真软件在通信系统中的应用更为重要，它为数字电路的设计和实现提供了便利，如在模拟电路、高频电路实验、数字逻辑电路等中的应用。相比于其他仿真软件，Multisim 14 仿真软件的优势越发突出。

目前，Multisim 14 系列软件的发展还有很大的空间，可以扩充元器件库、添加更多的功能，并在电路仿真中进行应用，给用户提供一个操作便捷、使用方便、效果突出的仿真平台。

由于电子技术的飞速发展，集成电路和电子系统的复杂程度大概是每 6 年提高 10 倍，

因此电子系统的复杂程度也在相应提高。简单的手工设计方法已无法满足现代电子系统设计的要求。因此，许多软件公司纷纷研制采用自上而下设计方法的计算机辅助设计系统。20 世纪 70 年代中叶有了基于手工布局布线的第一代计算机辅助设计。

从事电子产品设计、开发等工作的人员，经常要求对所有设计的电路进行实物模拟和调试。其目的一方面是验证所设计的电路是否能达到设计要求的技术指标；另一方面是通过改变电路中元器件的参数，使整个电路性能达到最佳。

加拿大 Interactive Image Tecnologics 公司推出的 EWB(Electrical WorkBench)软件可以将不同类型的电路组成混合电路进行仿真，界面直观，操作方便，创建电路、选用元件和测试仪器均可以图形方式直观完成。

该软件有较为详细的电路分析手段，如电路的瞬态分析和稳态分析、时域和频域分析、器件的线性和非线性分析、电路的噪声分析和失真分析，以及离散傅里叶分析、电路零极点分析、交直流灵敏分析和电路容差分析等共计 14 种电路分析方法；拥有强大的 MCU 模块，支持 4 种类型的单片机芯片，支持对外部 RAM、外部 ROM、键盘和 LCD 等外围技术的仿真，分别对 4 种类型芯片提供汇编和编译支持；所建项目支持 C 代码、汇编代码以及十六进制代码，并兼容第三方工具源代码；包含设置断点、单步运行、查看和编辑内部 RAM、特殊功能寄存器等高级调试功能。强大的数字仪器环境和数字分析环境，使其成为为数不多的经典单片机仿真软件之一。

Multisim 14 推出了很多专业设计特性，主要是高级仿真工具、增强的元件库和扩展的用户社区，实体特性包括：

(1) 所见即所得的设计环境；

(2) 互动式的仿真界面；

(3) 元件库包括 1200 多个新元器件和 500 多个新 SPICE 模块，这些都来自如美国模拟器件公司、凌力尔特公司和德州仪器等业内领先厂商，其中包括 100 多个开关模式电源模块；

(4) 动态显示元件(如 LED、七段显示器等)；

(5) 汇聚帮助功能能够自动调节 SPICE 参数，纠正仿真错误；

(6) 数据的可视化分析功能包括一个新的电流探针仪器和用于不同测量的静态探点，以及对 BSIM4 参数的支持。

(7) 具有 3D 效果的仿真电路。

Multisim 14 是以 Windows 为基础的仿真工具，适用于板级的模拟/数字电路板的设计工作。

6.2　叠加定理仿真实验

安装 Multisim 14 软件，学习软件的使用方法。利用 Multisim 14 软件设计电路原理图，熟悉软件的使用方法，完成叠加定理电路仿真，如图 6-2-1 所示；完成自拟表格仿真测量，对比实测实验的结果，得出正确的结论。

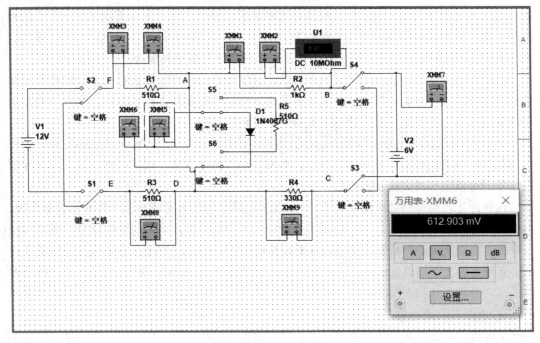

图 6-2-1　叠加定理仿真电路

6.3　戴维宁定理仿真实验

利用 Multisim 14 软件设计电路原理图，掌握软件的使用方法。戴维宁定理仿真实验包括有源单口网络外特性仿真实验(如图 6-3-1 所示)和等效电压源对负载外特性仿真实验(如图 6-3-2 所示)。

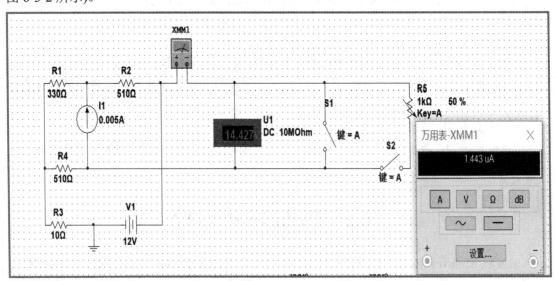

图 6-3-1　有源单口网络外特性仿真电路

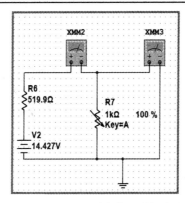

图 6-3-2　等效电压源对负载外特性仿真电路

6.4　RC 一阶电路仿真实验

RC 积分仿真电路如图 6-4-1 所示，积分电路仿真波形如图 6-4-2 所示。

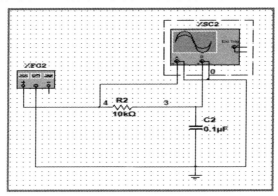

图 6-4-1　积分仿真电路

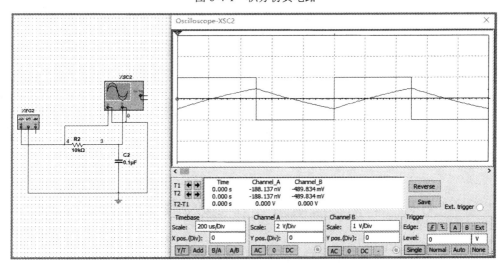

图 6-4-2　积分电路仿真波形

RC 微分仿真电路如图 6-4-3 所示，微分电路仿真波形如图 6-4-4 所示。

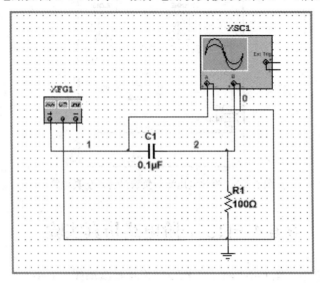

图 6-4-3　RC 微分仿真电路

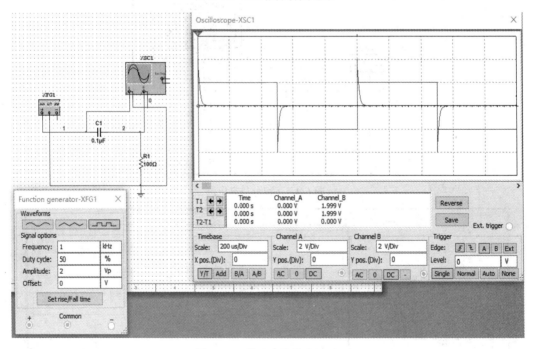

图 6-4-4　微分电路仿真波形

6.5　单相交流电路等效参数测定仿真实验

交流仪表测定电阻元件仿真电路如图 6-5-1 所示。

交流仪表测定电感元件仿真电路如图 6-5-2 所示。

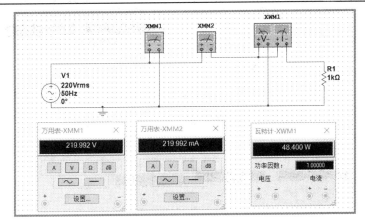

图 6-5-1　交流仪表测定电阻元件仿真电路

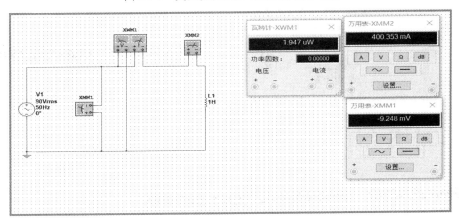

图 6-5-2　交流仪表测定电感元件仿真电路

交流仪表测定电容元件仿真电路如图 6-5-3 所示。

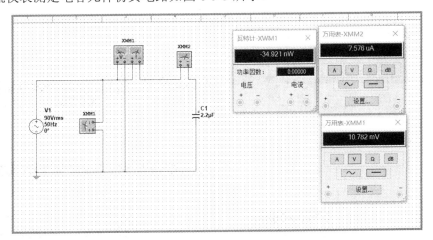

图 6-5-3　交流仪表测定电容元件仿真电路

交流仪表测定电容与电感元件的串联仿真电路如图 6-5-4 所示。
交流仪表测定电容与电感元件的并联仿真电路如图 6-5-5 所示。

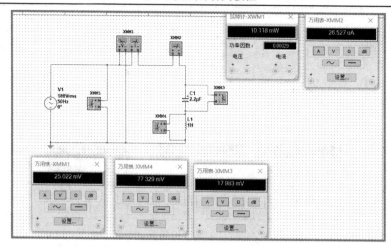

图 6-5-4　交流仪表测定电容与电感元件的串联仿真电路

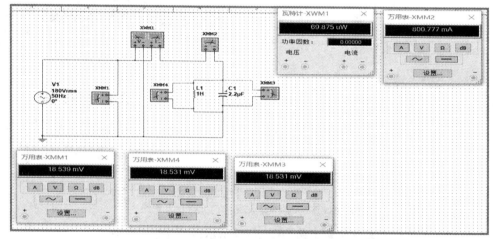

图 6-5-5　交流仪表测定电容与电感元件的并联仿真电路

交流仪表测定电阻与电感元件先串联，再并联的混联仿真电路如图 6-5-6 所示。

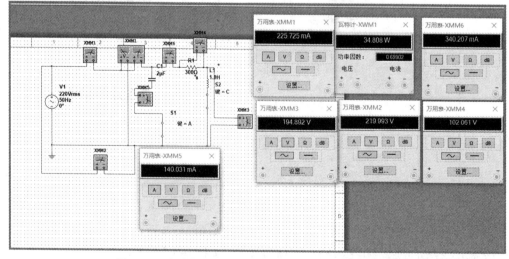

图 6-5-6　交流仪表测定电阻与电感元件的混联仿真电路

交流电压表、交流电流表、交流功率表测定电阻、电感、电容元件的其他电路形式请自行设计。

6.6 三相电路电压、电流及其功率的测量仿真实验

三相四线制电阻对称负载的仿真电路如图 6-6-1 所示，测量三相电路的电压、电流及其功率。

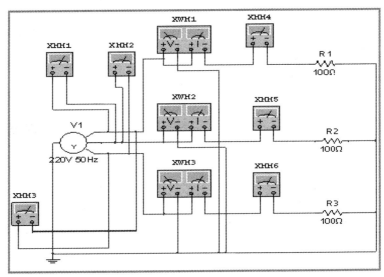

图 6-6-1 三相四线制电阻对称负载的仿真电路

三相三线制电阻对称负载的仿真电路如图 6-6-2 所示，测量三相电路的电压、电流及其功率。

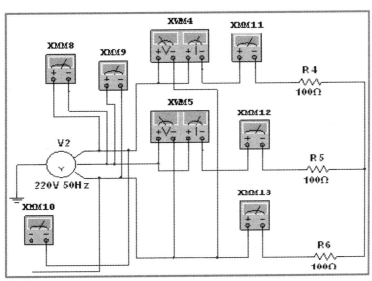

图 6-6-2 三相三线制电阻对称负载的仿真电路

　　三相四线制灯泡不对称负载的仿真电路如图 6-6-3 所示，测量三相电路的电压、电流及其功率。

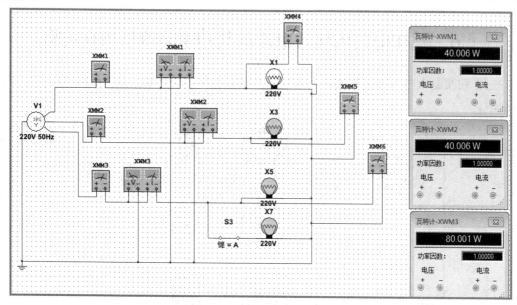

图 6-6-3　三相三线制灯泡不对称负载的仿真电路

　　三相三线制灯泡对称负载的仿真电路如图 6-6-4 所示，测量三相的电压、电流及其功率。

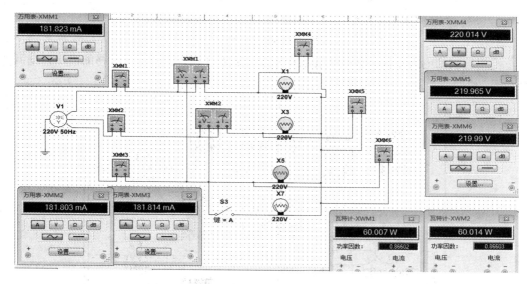

图 6-6-4　三相三线制灯泡对称负载的仿真电路

6.7　积分电路的设计与仿真

　　积分电路可以完成对输入信号的积分运算，其常用电路如图 6-7-1 所示。

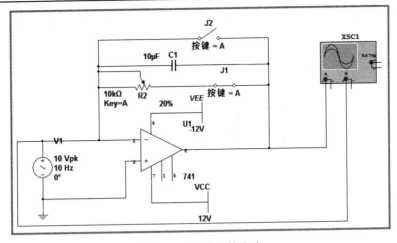

图 6-7-1　积分运算电路

该电路输出电压 $u_{\circ}$ 与输入电压 u_i 的关系为

$$u_{\circ} = -\frac{1}{R_1 C} \int u_i \, \mathrm{d}t - u_C(0)$$

一般假定，电容电压初始值 $u_C(0) = 0$。

利用 NI Multisim 仿真软件可对积分电路仿真。当开关 J2 打开，输入幅度为 10 V、频率为 10 Hz 的正弦信号时，该电路的输入、输出信号如图 6-7-2 所示。

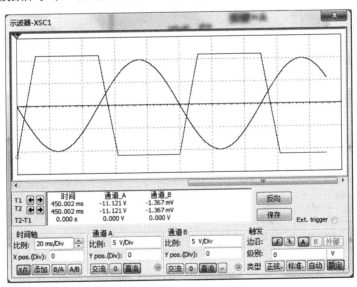

图 6-7-2　基本积分运算电路的输入与输出波形

6.8　二极管的单向导通特性的设计与仿真

在 NI Multisim 中连接如图 6-8-1 所示的电路，用交流电压源 V1 向电路注入一个幅度

为 1 V、频率为 1000 Hz 的正弦波信号，并用示波器 XSC1 观察输入信号和输出信号之间的关系。

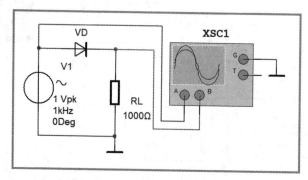

图 6-8-1　二极管的单向导通特性

从示波器中我们可以看出如图 6-8-2 所示的结果。经过二极管的处理，输出信号在电阻 R_L 两端出现了一个只有一半的正弦信号(其负半周期不见了)。这说明输入信号在正半周期时，二极管 VD 获得正向偏置而导通，输入信号得以通过二极管 VD 而在输出端出现；而当输入信号在负半周期时，二极管 VD 反向偏置而截止，没有信号能通过二极管 VD，从而在输出端出现一个幅度为 0 的水平线。该实验说明了二极管的单向导通性。

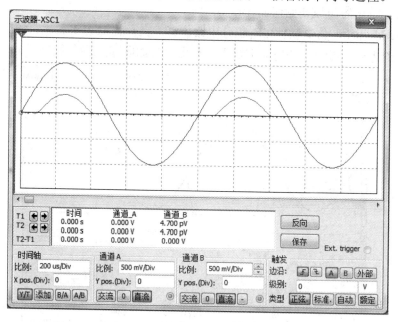

图 6-8-2　二极管的单向导通特性测试的输入、输出波形

6.9　场效应管及其放大电路的设计与仿真

场效应管是一种利用电场效应来控制其电流大小的半导体器件。这种器件不仅兼有体积小、重量轻、耗电省、寿命长等特点，而且还有输入阻抗高、噪声低、抗辐射能力强和

制造工艺简单等优点，因而获得了广泛的应用，特别是 MOSFET 在大规模和超大规模集成电路中占有重要地位。

1．共源极放大电路

分压式自偏压共源放大电路如图 6-9-1 所示。通过示波器观察分压式自偏压共源大电路的输入与输出波形，如图 6-9-2 所示。从图中可以明显看出共源极放大电路具有较高的方向放大倍数，与理论知识一致。

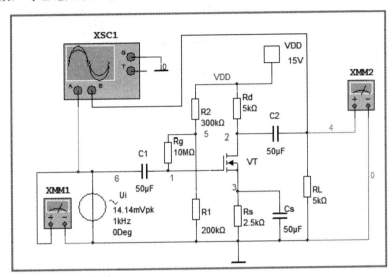

图 6-9-1　分压式自偏压共源放大电路

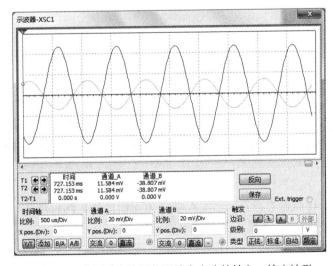

图 6-9-2　分压式自偏压共源放大电路的输入、输出波形

2．共漏极放大电路

共漏极放大电路的特点是输入、输出同相，增益近似等于 1；输入电阻大，输出电阻小。

在 NI Multisim 中创建如图 6-9-3 所示的共漏极放大电路，用函数发生器为漏极放大电

路提供正弦输入信号，通过示波器观察共漏极放大电路的输入与输出的波形，如图 6-9-4
所示。

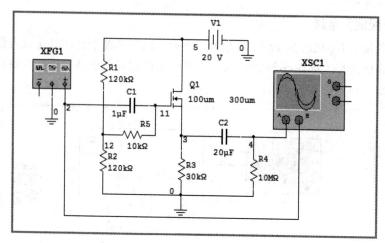

图 6-9-3　共漏极放大电路

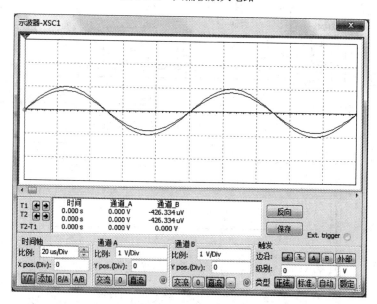

图 6-9-4　共漏极放大电路输入与输出波形

在图 6-9-4 中，B 通道为输入信号，A 通道为输出信号，测得放大倍数接近于 1，且输
出电压与输入电压同相位，体现了共漏极电路的特点。

6.10　RC 移相式振荡器的设计与仿真

RC 移相式振荡器如图 6-10-1 所示，该电路由反相放大器和三节 RC 移相网络组成，要
满足振荡相位条件，则要求 RC 移相网络完成 180° 相移。由于第一节 RC 移相网络的相移
极限为 90°，因此采用三节或三节以上的 RC 移相网络，才能够实现 180° 相移。

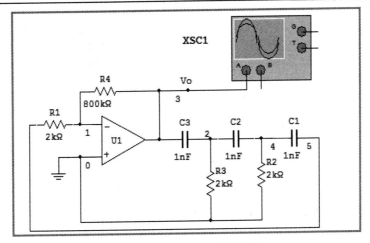

图 6-10-1　RC 移相式振荡器

只要适当调节 R_4 的值，使得增益适当，就可以满足相位和振幅条件，产生正弦振荡。其振荡频率为

$$f_o = \frac{1}{2\pi\sqrt{6}RC}\ (R = R_1 = R_2 = R_3,\ \ C = C_1 = C_2 = C_3)$$

振荡波形如图 6-10-2 所示。

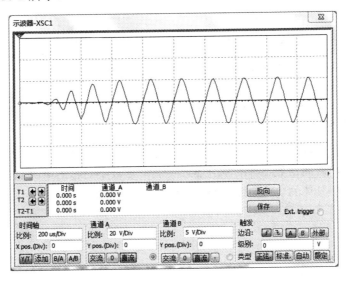

图 6-10-2　RC 移相式振荡器的振荡波形

6.11　三角波及锯齿波波形产生电路的仿真

1. 三角波产生电路

当有了方波之后，就可以根据积分电路的特点，对方波发生器的输出信号进行一次积分即可得到三角波。具体的电路如图 6-11-1 所示。

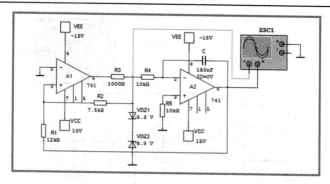

图 6-11-1　利用方波获得三角波电路

利用方波获得三角波电路的输入与输出波形如图 6-11-2 所示。

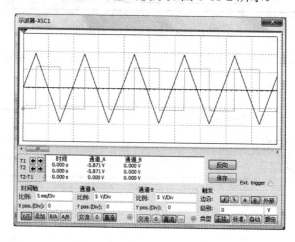

图 6-11-2　利用方波获得三角波电路的输入与输出波形

2. 锯齿波产生电路

锯齿波的获得可以通过对三角波发生器的电路进行改进来获得。在三角波发生器的基础上加一个充放电时间常数不等的积分器，使波形形成不对称的情况，输出波形就成了我们想要的锯齿波。具体的电路如图 6-11-3 所示。

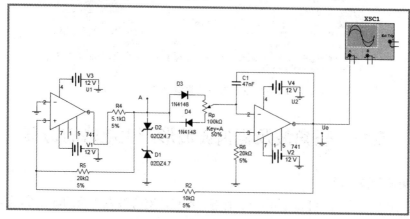

图 6-11-3　锯齿波发生电路

电路的使用方法：当调节滑动变阻器 R_P 使之处在不同的电阻值时，输出的波形都不相同。例如，R_P 处在 25% 和 75% 时的波形分别如图 6-11-4 和图 6-11-5 所示。

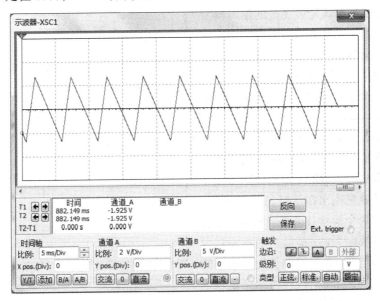

图 6-11-4　R_P 为 25% 时的输出波形

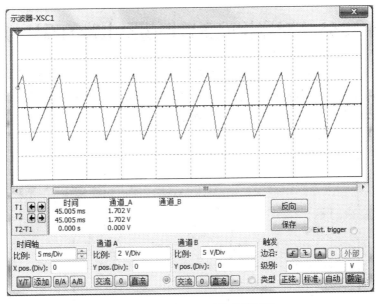

图 6-11-5　R_P 为 75% 时的输出波形

6.12　74LS148D 测试电路的设计与仿真

数字系统中存储或处理的信息，常常是用二进制代码表示的。用一个二进制代码表示特定含义的信息称为编码。具有编码功能的逻辑电路称为编码器，二进制编码器有 n 位二进制码输出，与 2^n 个输入相对应。编码器有普通编码器和优先编码器之分，普通编码器任

何时刻只允许一个输入信号有效，否则将产生错误输出。优先编码器允许多个输入信号同时有效，输出是对优先级别高的输入信号进行编码。至于优先级别的高低则完全由设计人员根据实际情况来决定。下面测试集成8—3线优先编码器的逻辑功能。

　　搭接编码器仿真实验电路并打开仿真开关进行仿真，如图 6-12-1 所示。例如，同时有 J1(D0=0)、J2(D1=0)、J6(D5=0)、J7(D6=0) 四个有效输入信号，其中 J7(D6=0) 的优先级最高，因此输出为 J7(D6=0) 的反码 "001"，通过仿真可以观测输出指示灯的发光情况，正好是高位的两个指示灯未亮，表示最高位和此高位输出低电平，而最低位的指示灯发亮表示输出高电平，正好符合优先编码器的逻辑功能。其余输入输出组合可继续设置电路中不同开关的状态来实现。

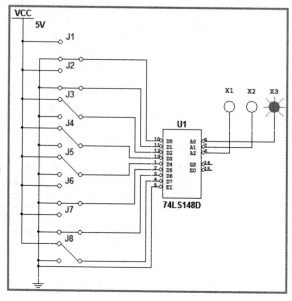

图 6-12-1　74LS148D 逻辑功能仿真实验电路

6.13　555 定时器构成多谐振荡器电路的设计与仿真

　　利用 555 定时器构成多谐振荡器有两种方法：调用元件库中的 555 模块和相关器件组成多谐振荡器，或利用 Multisim 11 提供的 Timer Wizard 直接生成多谐振荡器。

　　在 Multisim 11 电路窗口中，放置如图 6-13-1 中需要的元件，如时钟信号、电容、电阻、555 定时器、示波器、U_{CC} 及地。

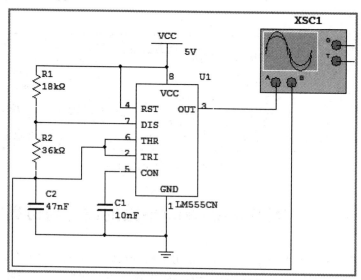

图 6-13-1　多谐振荡器逻辑功能仿真实验电路

其中，RST 接高电平，DIS 端通过 R_1 接电源，通过 R_2 和 C_2 接地，将 THR 端和 TRI 端并接在一起通过 C_2 接地。启动仿真，通过示波器观察电路输入和输出波形，如图 6-13-2 所示。

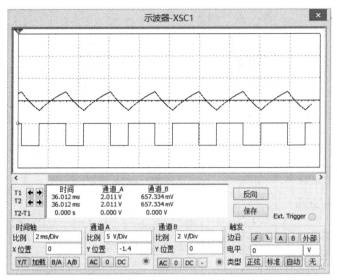

图 6-13-2 用 555 定时器构成多谐振荡器的工作波形

6.14 交通灯电路的综合设计与仿真

城市十字交叉路口为确保车辆、行人安全有序地通过，都设有指挥信号灯。交通信号灯的出现，使交通得以有效管制，对于疏通交通流量、提高道路通行能力、减少交通事故有明显效果，最大限度缓解了主干道与匝道、城区同周边地区的交通拥堵状况。

功能要求：

(1) 设计一个十字路口的交通灯控制电路，要求东西方向车道和南北方向车道两条交叉道路上的车辆交替运行，每次通行时间都设为 45 s，时间可设置修改。

(2) 在绿灯转为红灯时，要求黄灯先亮 5 s，才能变换运行车道。

(3) 黄灯亮时，要求每秒闪亮一次。

(4) 东西方向、南北方向车道除了有红、黄、绿灯指示外，每一种灯亮的时间都用显示器进行显示(采用倒计时的方法)。

(5) 假定给定+5 V 电源。

在 Multisim 11 电路窗口中，使用快捷键 Ctrl+W 调出放置元件对话框，放置如图 6-14-1 中需要的元件，完成后可关闭对话框。单击启动按钮，便可以进行交通信号灯控制系统的仿真，电路默认把通行时间设为 45 s，打开开关，东西方向车道的绿灯亮，南北方向车道的红灯亮。时间显示器从预置的 45 s，以每秒减 1，减到数"5"时，东西方向车道的绿灯转换为黄灯，而且黄灯每秒闪一次，南北方向车道的红灯不变；减到数"0"时，1s 后显示器又转换成预置的 45 s，东西方向车道的黄灯转换为红灯，南北方向车道的红灯转换为绿灯；减到数"5"时，南北方向车道的绿灯转换为黄灯，而且黄灯每闪一次，东西方向车道

的红灯不变。如此循环。通过拨动预置时间的开关，可以把通车时间修改为其他的值再进行仿真(时间范围为 1～99)，效果同前面相同，总开关一打开，东西方向车道的绿灯亮，时间倒计 5 s，车灯进行一次转换，到 0 s 时又进行转换，而且时间重置为预置的数值，如此循环。

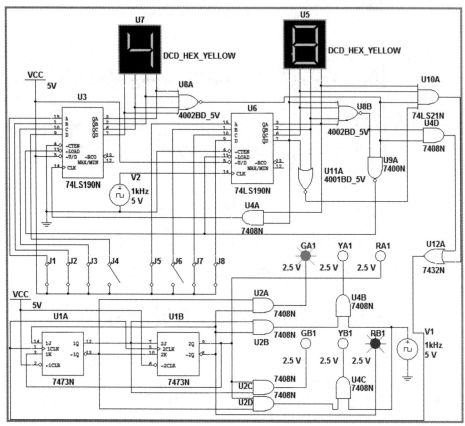

图 6-14-1　交通灯仿真实验电路

附录 实验报告统一格式

学生实验报告册

_____年_____季学期

课程名称：_____

院　(系)：_____

班　　级：_____

姓　　名：_____

学　　号：_____

机　　号：_____

实验日期：_____年_____月_____日

实验时段：_____点_____分

电工电子实验教学中心

知 情 承 诺

　　我已经认真学习该实验注意事项和实验操作规程，熟悉实验的潜在危险因素及防护措施。本人承诺：将严格遵守实验中先接线检查无误后再通电、先断电后再拆线的原则，遵守实验室各项安全制度和操作规程，掌握正确的防护措施。如因自己违反规定和操作规程发生安全事故，造成人身伤害和财产损失，我愿承担相应责任。

学生签字：_____

实验名称	
预 习 报 告	
实验目的	
实验设备	
实验原理及内容	

☆实验仿真	
实验记录	

实验报告(包括实验结果分析、数据计算、数据曲线等)
实验报告总结

实验成绩		教师签字		日期	

参 考 文 献

[1]　黄瑞. 电工学实践与仿真教程[M]. 西安：西安电子科技大学出版社，2016.

[2]　丁守成. 电工基础实践教程[M]. 北京：中国电力出版社，2015.

[3]　袁桂慈. 电工电子技术实践教程[M]. 北京：机械工业出版社，2008.

[4]　叶朝辉. 可编程片上系统(PSoC)原理与实训[M]. 清华大学出版社，2008.

[5]　何宾. 可编程片上系统 PSoC 设计指南[M]. 北京：化学工业出版社，2011.

[6]　廖常初. FX 系列 PLC 编程及应用[M]. 北京：机械工业出版社，2011.

[7]　高安邦. 三菱 PLC 工程应用设计[M]. 北京：机械工业出版社，2010.

[8]　张利国. TPG-PSoC 可编程片上系统创新实验平台：实验指导书. 清华大学科教仪器厂，2008.

[9]　陈佳新. 电工技术实验[M]. 北京：电子工业出版社，2018.

[10]　邱关源. 电路[M]. 北京：高等教育出版社，2015

[11]　秦曾煌. 电工学(上，电工技术)[M]. 7 版. 北京：高等教育出版社，2012.

[12]　侯世英. 电工学Ⅰ(电路与电子技术)[M]，北京：高等教育出版社，2007.

[13]　秦曾煌. 电工学(下，电子技术)[M]. 7 版. 北京：高等教育出版社，2012.

[14]　唐介. 电工学(少学时)[M]. 北京：高等教育出版社，2009.

[15]　孙陆梅. 电工学(少学时)[M]. 北京：中国电力出版社，2007.

[16]　李瀚荪. 电路分析基础(上、下册)[M]. 北京：高等教育出版社，2012.

[17]　胡翔骏. 电路分析[M]. 北京：高等教育出版社，2011.

[18]　闻跃. 电路分析基础[M]. 北京：清华大学出版社，2011.

[19]　李发海. 电机与拖动基础[M]. 北京：清华大学出版社，2008.

[20]　顾绳谷. 电机与拖动[M]. 北京：机械工业出版社，2009.

[21]　汤蕴璆. 电机学[M]. 北京：高等教育出版社，2010.

[22]　寇志伟. 电工电子技术实训与创新[M]. 北京：北京理工大学出版社，2017.

[23]　赵明. 工厂电气控制设备[M]. 2 版. 北京：机械工业出版社，2006.

[24]　侯建军. SOPC 技术基础教程[M]. 北京：清华大学出版社，2005.

[25]　康华光. 电子技术基础(模拟部分)[M]. 北京：高等教育出版社，2009.

[26]　康华光. 电子技术基础(数字部分)[M]. 北京：高等教育出版社，2009.

[27]　童诗白. 模拟电子技术基础[M]. 北京：高等教育出版社，2009.

[28]　童诗白. 数字电子技术基础[M]. 北京：高等教育出版社，2009.

[29]　王宇红. 电工学实验教程[M]. 北京：高等教育出版社，2020.

[30]　张厚. 电磁场与电磁波及其应用. 西安：西安电子科技大学出版社，2012.